安全双重预防机制
百问百答

李爽　贺超　王维辰　许正权　韩世锋 / 著

中国矿业大学出版社

·徐州·

内 容 提 要

为解决当前生产经营单位在建设、运行双重预防机制过程中遇到的困惑和问题,本书从双重预防机制基本概念及辨析、安全风险辨识、风险评估及应用、风险分级管控、隐患排查治理、信息化建设、机制建设、运行与应用等方面选取了一百余个常见的、有代表性的问题予以详细回答。本书直接面向每个具体问题,在内容上既有理论依据,又立足于安全管理实践;在体例上,既对问题本身进行辨析,又通过问题描述和举例使读者更易于理解。

本书适用于生产经营单位指导双重预防机制建设和运行工作,也适用于政府安全监管部门创新基于双重预防机制的安全监管工作,同时本书也适用于从事双重预防机制研究、教学和培训的科研人员、教师和学生参考。

图书在版编目(C I P)数据

安全双重预防机制百问百答/李爽等著. —徐州:

中国矿业大学出版社,2023.6(2023.11 重印)

ISBN 978 - 7 - 5646 - 5638 - 6

Ⅰ. ①双… Ⅱ. ①李… Ⅲ. ①安全生产—生产管理—

问题解答 Ⅳ. ①X92-44

中国版本图书馆 CIP 数据核字(2022)第 208842 号

书　　名	安全双重预防机制百问百答
著　　者	李　爽　贺　超　王维辰　许正权　韩世锋
责任编辑	张　岩
出版发行	中国矿业大学出版社有限责任公司
	(江苏省徐州市解放南路　邮编 221008)
营销热线	(0516)83885370　83884103
出版服务	(0516)83995789　83884920
网　　址	http://www.cumtp.com　E-mail:cumtpvip@cumtp.com
印　　刷	江苏淮阴新华印务有限公司
开　　本	787 mm×1092 mm　1/16　印张 14　字数 274 千字
版次印次	2023 年 6 月第 1 版　2023 年 11 月第 2 次印刷
定　　价	48.00 元

(图书出现印装质量问题,本社负责调换)

前　　言

　　自从安全风险分级管控和隐患排查治理双重预防机制（以下简称双重预防机制）提出以来，作为适合我国新时代安全生产特点的安全管理创新，得到了各行业、企业以及各级安全监管监察部门的广泛重视。双重预防机制既体现了现代安全管理以风险管控为核心的思想，又兼容了我国长期以来各行业隐患闭环管理模式，并在实践中融合了安全生产标准化等管理方法，逐渐成为具有我国特色的安全管理方法。

　　双重预防机制在各省、各行业落地过程中，既取得了显著的效果，极大改善了很多行业、企业的安全管理水平，也出现了诸多的问题，甚至因形式主义给一些生产经营单位造成了一定的负担。之所以出现这种效果参差不齐的局面，原因是复杂的，但不了解双重预防机制的真正含义，现实中不知道该怎么做，是一个非常重要的原因。一些企业因为对双重预防机制不够了解，遇到现实问题时难以有效解决，最终往往出于考核等的考虑，主动或被动选择采用侧重内业的建设方式。还有一些企业虽然想做好、做实双重预防机制，但由于理解的偏差，建设的双重预防机制与双重预防内涵不符，缺乏科学性，自然难以取得预期的效果。无论是哪种情况，生产经营单位耗费了大量的精力，投入了诸多的人力、物力，但双重预防机制中风险和隐患两张皮、系统和管理两张皮、建设和应用两张皮的"三个两张皮"现象在一定程度上存在，难以真正应用到实际工作中。

作为一个较"新"的理论和方法，生产经营单位对其不了解、不熟悉都是正常的，但由于各种原因，要求每一个生产经营单位的安全生产管理人员都去学习双重预防机制理论是不现实的。实践中迫切需要一本简单、直观，能够解答生产经营单位的疑惑，能够指导生产经营单位如何将安全双重预防机制与实际工作融合的著作。该书不重在理论逻辑的严密性，而重在对实际工作中存在的困惑、遇到的问题的准确把握，重在讲清楚、讲透每一个具体的问题，使其贴近实际工作。

中国矿业大学安全科学与应急管理研究院（以下简称研究院）是国内较早从事安全风险管控研究的团队，在双重预防机制提出之初就组织力量对其展开了较为全面的研究，并将研究成果在生产经营单位中实践。经过多年理论与实践相互促进的努力，研究院先后参与了山东省、山西省等省份和煤炭、电力、危化等行业的双重预防机制地方标准、行业标准和团体标准的起草工作，在双重预防机制研究方面具有较大的影响力。同时，研究院先后在十余个省份的一千五百余家不同行业的企业、事业单位以及政府部门开展双重预防机制建设咨询、信息平台研发等服务，积累了丰富的实践经验，较为准确和全面地了解了生产经营单位在实际工作中可能会出现的困惑和面临的问题。在理论研究基础和参与实践经验的基础上，研究院撰写了《安全双重预防机制百问百答》一书。

本书选取的百余个问题都是对双重预防机制建设和运行有较大影响且广泛存在的问题，大致按照双重预防机制的基本概念及辨析、安全风险辨识、风险评估及应用、风险分级管控、隐患排查治理、信息化建设、机制建设、运行与应用等主题进行编排，方便读者查找。为了使读者更容易理解各个问题，本书统一了体例，大部分问题包括问题描述、问题辨析和问题举例三个部分。问题描述对该问题本身进行展开说明，如解释问题的背景、介绍错误观点等，使读者准确了解问题的含义；问题辨析是每个部分的核心，对问题进行全面解释；问题举例则是结合实际情况说明在工作中应如何做或该问题理解错误在实际中的工作表现、造成的后果等。

安全生产理论来源于实践，也应用于实践，两者相辅相成。当前各方对双重预防机制的理解不一，其中一些观点非常值得商榷。比较典型的如将安全风险分级管控和隐患排查治理视为两个相互独立的专业，期望能够在现有隐患闭环管理的基础上，通过简单补充风险辨识内业的方法完成双重预防机制建设。显然，这种方法不可能达到预想的效果。本书来源于生产经营单位的实践，我们也希望本书能够应用于生产经营单位的实践，解决大家在实践中遇到的各种问题，推动双重预防机制建设和运行的深入发展。

2021年修改的《安全生产法》和《"十四五"国家安全生产规划》《"十四五"矿山安全生产规划》等都将双重预防机制建设作为一项重要工作，建成面向风险防范化解的内生机制，尤其后两个文件更是将双重预防机制与信息化、智能化紧密结合起来，同时对政府利用双重预防机制对安全监管进行创新也提出了明确的要求。未来，双重预防机制必将作为具有中国特色的安全管理方法而不断完善、发展，得到更加广泛、成熟的应用。显然在这个过程中，无论理论本身发展，还是生产经营单位的实践探索都将更加深入，不断面临新的挑战。我们希望各位读者能够向我们提出自己在研究和实践中遇到的困惑和问题，大家共同探讨、共同提高。

本书内容是基于研究院的研究成果和参与实践的经验总结而成，其间如果存在一些有待商榷之处，欢迎各位读者批评指正，我们会在将来再版时不断补充、完善。

著 者
2022年8月于中国矿业大学南湖校区

目　录

安全双重预防机制百问百答

目
录

第一章
基本概念

1. 什么是双重预防机制,它的内涵是什么?

❓ 问题描述

近年来,一些机构和网站对双重预防机制定义和内涵的解释五花八门,直接或间接误导了双重预防机制建设的从业者,导致了各行各业的双重预防机制建设良莠不齐,且没有形成统一标准,企业建设和应用呈现"两张皮"现象。

❓ 问题辨析

之所以出现上述情况,主要原因是对双重预防机制的认识、理解、应用及使用等方面存在一定的偏差,影响了双重预防机制在全行业内的进一步深化,使得双重预防机制远未发挥出应有的作用。

双重预防机制是指安全风险分级管控和隐患排查治理双重预防机制,简称为"双重预防机制"。

(1)双重预防机制提出的背景

2013—2016 年,在习近平总书记和党中央高度重视安全的情况下,全国仍发生了一系列影响恶劣的重特大事故,给人民生命财产和人身安全造成了重大损失。尤其在 2015 年重特大事故频发,以"8·12 天津滨海新区爆炸事故"影响最为巨大,严重制约了社会经济的和谐稳定发展,给安全工作带来了极大的挑战。面对严峻的安全形势,国家开始重新思考和定位安全监管模式与企业事故预防手段,重点是解决监管部门和企业"认不清、想不到、管不到"的问题,促进全社会的安全生产水平进一步提高。因此,构建双重预防机制是党中央、国务院从全局出发对安全生产领域作出的重要部署。

2015 年 12 月,习近平总书记在中央政治局常委会会议上明确要求:"对易发重特大事故的行业领域,要采取风险分级管控、隐患排查治理双重预防性工作机制,推动安全生产关口前移。"首次提出了"双重预防"的概念。

2016 年 10 月 9 日,国务院安委办下发《国务院安委会办公室关于实施遏制重特大事故工作指南构建双重预防机制的意见》(安委办〔2016〕11 号),强调"构建安全风险分级管控和隐患排查治理双重预防机制(以下简称双重预防机制),是遏制重特大事故的重要举措",提出"准确把握安全生产的特点和规律,坚持双重预防、关口前移,全面推行安全风险分级管控,进一步强化隐患排查治理,推进事故预防工作科学化、信息化、标准化"。

2021 年 6 月 10 日,全国人民代表大会常务委员会议通过了新修改的《中华人民共和国安全生产法》(以下简称《安全生产法》),进一步强化和落实生产经营单位主体责任与政府监管责任,在第四条将"构建安全风险分级管控和隐患排查治理双重预防机制,健全风险防范化解机制"的要求列入其中。自此,双重预防机制从政府要求上升为法律要求,成为企业必须要开展、务必要做好的重要工作。

(2)基本概念解读

双重预防机制涉及众多基本概念,如何正确理解和运用,在一定程度上决定了双重预防机制运行的规范性和合理性。

① 风险点

风险点是指风险伴随的设施、部位、场所和区域,以及在特定设施、部位、场所和区域实施的伴随风险的作业过程,或以上两者的组合。例如,井下采掘头面、危险化学品罐区、液氨站、煤气炉、木材仓库等;在罐区进行的倒灌作业、防火区域内进行动火作业等也是风险点。风险点是风险管控的基础。

② 危险源

危险源是指可能导致人身伤害和（或）健康损害和（或）财产损失的根源、状态或行为，或它们的组合。一个风险点有若干个危险源。

③ 风险

风险是某一特定危险情况发生的可能性和其可能造成的损失的组合。

风险依托于危险源存在，一个危险源有若干个风险。风险是事故发生的潜在原因，是造成损失的内在或间接原因。

④ 管控措施

管控措施是为了确保危险源处于可控状态而采取的相关措施，包括技术措施、管理措施、培训教育措施、个体防护措施、应急处置措施等方面。

⑤ 隐患

隐患也称事故隐患，指安全风险管控不到位导致可能发生职业健康损害或事故的人的不安全行为、物的不安全状态、环境的不安全因素和管理上的缺陷。

❓ 问题举例

以安全双重预防机制的运行为例，说明双重预防机制运行的内在逻辑，如图 1-1 所示。

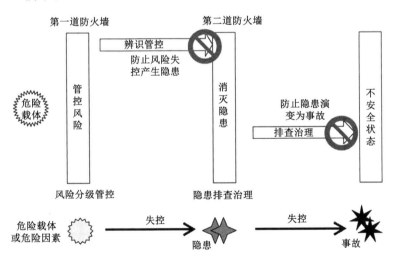

图 1-1　安全双重预防机制运行逻辑图

双重预防机制是面向事故尤其是重特大事故构建的两层预防体系，包括安全风险分级管控和隐患排查治理两个事故防范关口，构筑了两道防火墙。第一道防火墙是"管风险"，以安全风险辨识和管控为基础，从源头上系统辨识风险、制定管控措施、分级管控风险，确保所有措施的有效性，把各类风险控制在可接受范围内，杜绝和减少事故隐患。第二道防火墙是"治隐患"，风险管控措施失效后形成隐患，以隐患排查和治理为手段，及时排查风险管控过程中出现的缺失、漏洞和风险管控失效环节，落实隐患治理责任，确保隐患及时、有效地治理，坚决把隐患消灭在事故发生之前。

（1）安全风险分级管控

安全风险分级管控主要包括安全风险辨识评估和安全风险管控两个部分。辨识的目的是应用，辨识后如果不用，将之束之高阁，就起不到任何作用。每项辨识都要列出重大安全风险清单，出台安全风险管控措施，以指导后续工作。

安全风险分级管控的目的在于减少隐患。安全风险分级管控通过对风险辨识、评估成果（包括年度辨识和专项辨识）的培训，使全员能够掌握各自的风险管控责任，将所有风险分层、分专业、分岗位全面落实，确保所有的风险有人管、所有的人都知道自己的管控责任。如果风险管控到位，则隐患就不存在，而如果风险管控不到位，就出现隐患，进入隐患闭环管理流程。

安全风险的分级管控的关键是"预"，即提前想到可能存在的风险，并提前想好需要采取的措施，将措施落实到部门、岗位。具体流程如图 1-2 所示。

图 1-2　安全风险分级管控流程

（2）隐患排查治理

隐患排查治理的目的是预防事故，关键是及时治理，避免其造成事故，即关键是"闭环"。隐患排查治理包括排查、上报、整改、验收、销号等环节。排查出的隐患形成清单后,对隐患落实责任人进行治理,隐患治理强调过程管控,确保隐患能够按时、保质完成治理。当出现重大隐患时必须要上报,上级挂牌督办。具体流程如图 1-3 所示。

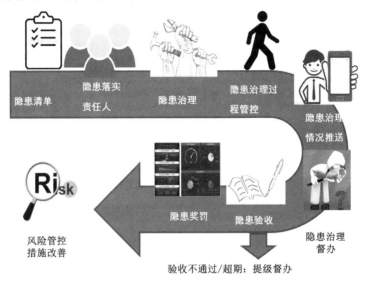

图 1-3　隐患排查治理流程

（3）风险隐患一体化运行

应该指出,双重预防机制运行的核心是风险隐患一体化运行。在双重预防理论体系里面,隐患主要来源于风险管控措施的失效,即风险管控措施失效导致风险演变成隐患。因此,风险的分级管控和隐患的闭环管理两者是一个整体,必须实现一体化运行,这一点在双重预防机制的实际建设与运行中尤为重要。

首先,安全风险分级管控是隐患排查治理的前提和基础,通过强化安全风险分级管控,从源头上消除、降低或控制相关风险,进而降低事故发生的可能性和后果的严重性。隐患排查治理是安全风险分级管控的强化与深入,通过隐患排查治理工作,查找风险管控措施的失效、缺陷或不足,采取措施予以整改,同时分析、验证各类危险因素辨识评估的完整性和准确性,进而完善风险分级管控措施,减少或杜绝事故发生的可能性。因此,安全风险分级管控和隐患排查治理是相辅相成、相互促进的关系。

安全风险分级管控和隐患排查治理共同构建起预防事故发生的双重预防机制，构成两道保护屏障，能有效遏制重特大事故的发生。

2. 点多线长情况下，风险点划分应遵循什么原则？

📋 问题描述

双重预防机制建设的首要工作是划分风险点，很多企业在实际操作过程中，存在风险点分布较多或线路较长的情况。如果划分过细，则风险点数量太多，可操作性不强，如果划分范围较大，则不利于风险的有效管控，这种情况该怎么办？

📋 问题辨析

在风险点的划分中，普遍存在上述情况。一般而言，风险点的划分应遵循"功能独立、易于管理、大小适中、责任明确"的原则，四个原则均应作为划分风险点的参考依据，不能孤立地以一个原则来划分。

（1）功能独立

功能独立指的是应当以具备独立完整功能为单元的原则进行风险点的划分，如压滤车间、作业厂房。

此外，在电力、工贸等行业，风险点的划分以设备设施和作业活动为主，也应遵循功能完整的原则，如一套完整的设备系统、一项完整的作业活动等。

（2）易于管理

易于管理指的是风险点划分时应以实际情况为准，灵活运用，以方便管理为目的。

（3）大小适中

大小适中指的是风险点的划分应考虑风险的分布范围，过大会导致缺乏针对性，过小会则导致操作性不强。

（4）责任明确

责任明确指的是风险点划分时，为了便于进行风险的分级管控，应充分考虑职责边界的问题，避免部门、专业之间责任和权限划分不清导致管理上的困难。

📋 问题举例

下面以 L 煤矿为例，说明风险点划分的具体方法。

（1）风险点划分原则——功能独立（示例）

以斜巷运输系统轨道运输下山(图1-4)为例,应从绞车房、上车场、斜巷到下车场的整个斜巷运输系统作为一个风险点进行管理。而不能仅将绞车房作为一个风险点,因为它的功能不独立。

绞车

图1-4 轨道运输下山

(2)风险点划分原则——大小适中、责任明确(示例1:大分小)

以皮带运输系统为例,一般将一个皮带运输系统(图1-5)作为一个风险点,如果有巷道分支,则可依据巷道名称分别建立风险点,否则风险点过大不易管理;但也不宜将巷道中的每部皮带作为一个风险点,划分过细也不利于管理。

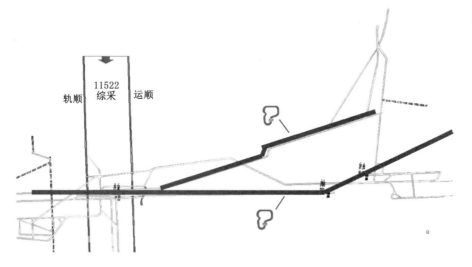
11522
综采
轨顺   运顺

图1-5 皮带运输系统

(3)煤矿风险点划分原则——大小适中、易于管理(示例2:小合大)

在实际风险点划分中,如果风险点过小,可以和其他风险点进行合并,例如:综采工作面切眼、工作面回风巷、工作面运输巷可以合并为综采工作面。

综上所述,对于风险点划分,如果是系统较简单的新矿井,风险点数量一般较少,可由安全部门组织、技术和地测部门配合划分,明确各部门和各专业负责风险管控的范围。如果系统较复杂,风险点数量较多,风险点划分工作可以由专业科室按照各自业务分管范围分工上报风险点,且应做到作业地点、场所、区域全覆盖、无遗漏。

3. 如何理解上级管控的风险下级也要管控?

[?] *问题描述*

风险分级管控的一个重要原则是上一级负责管控的风险,下一级必须同时负责管控。那是不是越往下级,管控的工作任务越重?下级工作量太大,难以真正落地。

[?] *问题辨析*

风险衡量的是某个危险因素(危险源)的危险程度,显然重大风险的危险程度最高,主要责任人一定要亲自管控。但由于该风险的危险程度高,当下一级在工作中遇到时,也必须要进行管控,而不可能认为说这是最危险的因素,第一责任人不是我,所以可以不管。正是因为上级管控的风险危险程度高,所以对应的下级在其范围内也应对上级管控的风险进行管控。

对于下级管控任务繁重,以至于无法实施的问题其实是一个误解。上级管控的风险数量虽然少,但其管辖的范围大;下级虽然管控的风险数量多,但其管辖的范围小,因此下级所管控的风险在某个具体风险点、具体作业场景中是有限的。而且风险管控也不是对该风险的所有管控措施进行"责任"管控,其"责任"范围应根据措施的重要程度和现场管控工作量综合考虑,确保风险管控能够有效落地。

[?] *问题举例*

某化工企业经过辨识认为其甲醇罐区存在重大风险,制定了一系列管控措施:

(1)设置温度计现场及远程报警,液位计远传报警,罐入口设置电动蝶阀,罐顶设置呼吸阀、阻火器,且有效;

(2)现场设置可燃气体报警仪,且有效;

(3)罐底设置紧急排水(污)阀;

（4）防腐刷漆完好；

（5）设置护栏，焊接牢固；

（6）设置接地、紧急切断装置；

（7）防雷接地要扁钢镀锌，搭接长度不小于 200 mm，静电接地线采用直径不小于 6 mm 的铜芯线；

……

上述措施都是该重大风险的管控措施，但作为企业第一责任人，并不需要在风险管控责任中列出所有措施。如经过评定，公司认为前四项是较为重要的措施，纳入第一责任人的管控责任清单中。显然，对于分管该罐区的管理、技术和安全监管人员而言，这四项也是其每次进行风险管控时必须要予以确认的项目，即上一级负责管控的风险，下一级必须同时负责管控。而且，下级管控的内容会更加深入、细致，但管控范围仅限于其职责范围。

4. 企业开展的隐患排查主要分为哪些类型？

问题描述

隐患排查指企业对生产经营过程中产生的隐患进行检查、监测、分析的过程。有些企业不知如何计划性地开展隐患排查，或造成排查不全面，或造成排查重复增加工作量。

问题辨析

企业应计划性地开展隐患排查，一般按层级或周期开展。按层级主要划分为企业级、专业级、部门级、岗位级，按周期主要划分为月度、旬（半月）、每天、每班等，同时应包含一些专项或季节性的隐患排查，因此综合考虑可把隐患排查类型分为综合性隐患排查、专业性隐患排查、日常性隐患排查、班组岗位隐患排查、专项或季节性隐患排查，分别对应企业主要负责人/每月、企业分管负责人/旬（半月）、部门（管理、技术、安检人员）/每天、班组（岗位人员）/每班、科室（部门）/特定时间，如图 1-6 所示。同时企业在实际开展隐患排查时可在此基础上进行调整。

问题举例

这里以煤矿企业隐患排查举例，根据 2020 年 5 月发布的《煤矿安全生产标准化管理体系基本要求及评分方法（试行）》中隐患排查治理要素要求，煤矿企业隐患排查按周期分为以下类型：

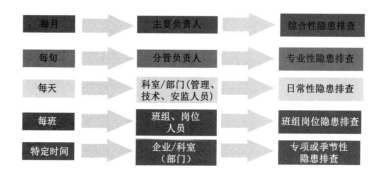

图1-6　隐患排查类型

（1）矿长每月组织分管负责人及相关科室、区（队）对重大安全风险管控措施落实情况、管控效果及覆盖生产各系统、各岗位的事故隐患至少开展1次排查；排查前制定工作方案，明确排查时间、方式、范围、内容和参加人员。

（2）矿分管采掘、机电运输、通风、地测防治水、冲击地压防治等工作的负责人每半月组织相关人员对覆盖分管范围的重大安全风险管控措施落实情况、管控效果和事故隐患至少开展1次排查。

（3）矿领导带班下井过程中跟踪带班区域重大安全风险管控措施落实情况，排查事故隐患，记录重大安全风险管控措施落实情况和事故隐患排查情况。

（4）生产期间，每天安排管理、技术和安检人员进行巡查，对作业区域开展事故隐患排查。

（5）岗位作业人员作业过程中随时排查事故隐患。

这里要求的五种排查中第三种矿领导带班下井排查为煤矿企业特有的排查类型，其余四种排查类型分别对应着综合性隐患排查、专业性隐患排查、日常性隐患排查和班组岗位隐患排查，同时煤矿企业实际工作中也在不定期地开展专项或季节性隐患排查。

5. 什么是风险基础库和隐患标准库？作用是什么？

❓ 问题描述

在企业建立双重预防机制的过程中，需要通过年度辨识评估来建立企业风险清单，有些企业在辨识风险的过程中，由于缺乏经验和相应的专业知识，对风险清单的建立一筹莫展。同样，在企业通过信息系统录入隐患的过程中，有些员工经验不足，在隐患登记上报时，由于不清楚相应隐患所属专业或类型，需要查阅许多内业资料，给工作带来了不便。

问题辨析

之所以出现上述问题，其原因是双重预防机制面向各行各业，而相关从业者的素质参差不齐，难免需要借助一定的人工辅助才能更好地完成风险清单的建立和隐患的登记上报。本书提供了两种解决途径：一是建立风险基础库，来解决企业风险辨识经验不足和专业知识不够的问题；二是建立隐患标准库，来解决隐患的快捷录入问题。

（1）风险基础库

风险基础库是通过外部专家基于风险辨识的方法，结合行业（煤矿、化工、电力、工贸等行业）特点，统一风险清单格式，梳理风险点类型、危险源、检查项目、风险类型、风险描述、风险等级、管控措施、责任岗位等信息，制作通用的风险数据库，方便企业参考使用。尤其在同类型的风险点辨识风险的过程中，可直接参考使用，大大节约了风险辨识的时间成本。

在具体使用过程中，可将其内置于双重预防管理信息系统，企业可通过风险点关联到相应的风险点类型，直接生成企业自身个性化的风险基础库，如图 1-7 所示。

序号	风险点类别	危险源	检查项目	风险类型	风险描述	风险等级	管控措施	责任岗位
	主厂房	火	消防器材	火灾	主厂房存在消防器材失效导致火灾事故扩大的风险。	低风险	1、消防材料和工具的品种和数量应符	安检员
	主厂房	温度	温度	其他	主厂房存在温度较高导致人员中暑的风险。	低风险	1、工作面空气温度超过26C°时，必须	安检员
	主厂房	供电	电缆	触电	供电系统中存在电缆不完好导致触电伤人的风险。	一般风险	1、电缆外皮完好，无破口、无磨损。	电工
	主厂房		照明灯	其他	供电系统中存在照明灯不亮导致光线不足造成事故的	低风险	检查检查照明灯是否完好，及时增加	电工
	主厂房	楼梯	护栏	高处坠落	主厂房存在楼梯有积水、防护栏杆不牢固导致人员高	一般风险	1、定期清理楼梯并检查防护栏杆是否	岗位工
	主厂房	皮带输送机	皮带保护	火灾	皮带保护存在失效导致火灾进一步扩大的风险。	较大风险	1、热电偶感应式温度保护传感器安装	输送机司机
	主厂房					较大风险	2、自动洒水装置应安装在驱动滚筒两	输送机司机
	主厂房			运输	皮带保护存在失效导致运输事故或事故扩大的风险。	一般风险	1、张紧力下降保护安装在张紧装置与	输送机司机
	主厂房					一般风险	2、防跑偏保护在卸载滚筒后15米范围	输送机司机
	主厂房			机械伤害	皮带保护存在失效导致机械伤人的风险。	一般风险	1、沿线急停装置　在机头、机尾、各	输送机司机
	主厂房		滚筒	机械伤害	皮带滚筒存在运输机械伤人的风险。	一般风险	1、机头、机尾、驱动滚筒和改向滚筒	输送机司机
	主厂房		皮带接头	运输	皮带接头存在断裂导致运输事故的风险。	一般风险	1、一般皮带接头开口不得大于50mm	输送机司机
	主厂房		沿线护栏	物体打击	皮带沿线护栏失效存在物体打击伤人的风险。	一般风险	1、皮带巷内同时存在运人设备时，皮	输送机司机
	主厂房	刮板输送机	机头驱动装置	运输	刮板输送机存在机头驱动装置故障导致运输事故的风	一般风险	1、减速器、对轮、连接筒、端盖螺	刮板输送机司机
	主厂房					一般风险	2、减速器轴承、齿轮无损伤，磨损	刮板输送机司机
	主厂房					一般风险	3、液力耦合器壳体无变形、损伤，	刮板输送机司机
	主厂房					一般风险	4、对轮胶圈或弹性盘完好无损。	刮板输送机司机
	主厂房					一般风险	5、链轮磨损不超限，半圆轴螺栓齐	刮板输送机司机
	主厂房					一般风险	6、分链器、压链器、护轴板完整紧	刮板输送机司机
	主厂房		溜槽	运输	刮板输送机存在溜槽不完好导致运输事故的风险。	一般风险	1、溜槽敷设平直，链条不出槽，无	刮板输送机司机
	主厂房					一般风险	2、中部槽无开焊断裂，槽帮无磨损	刮板输送机司机

图 1-7　风险基础库

（2）隐患标准库

隐患标准库（表 1-1）是为了统一企业隐患登记上报标准，通过模糊搜索的方法，方便企业快速匹配相应的隐患信息，正确登记上报隐患。通过梳理隐患描述、标准来源、隐患等级、专业等信息，建立标准化的隐患数据库，形成本企业通用的隐患信息，方便从业人员及时调用。其使用方法和风险基础库类似，可将其内置于双重预防管理信息系统，在用户录入隐患时，自动匹配相应的隐患信息,大大减少了人工输入隐患的工作量。

表 1-1　隐患标准库

隐患描述	标准来源	隐患等级	专业
未按规定建立从业人员安全培训档案,未按照规定实行"一人一档",未如实记录安全生产培训和考核情况	《中华人民共和国安全生产法》第二十五条第四款;《煤矿安全培训规定》第八条	一般 B 级隐患	安全管理
未按规定建立企业安全培训档案,未按照规定实行"一期一档",未如实记录安全生产培训和考核情况	《中华人民共和国安全生产法》第二十五条第四款;《煤矿安全培训规定》第九条	一般 B 级隐患	安全管理
煤矿企业安排从业人员进行安全培训,培训期间煤矿企业未支付工资并承担安全培训费用的	《生产经营单位安全培训规定》第二十三条	一般 B 级隐患	安全管理
主要负责人或安全生产管理人员不符合任职条件	《煤矿安全培训规定》第十条、第十一条	一般 A 级隐患	安全管理
主要负责人或安全生产管理人员以欺骗、贿赂等不正当手段取得安全生产知识和管理能力考核合格证	《煤矿安全培训规定》第十条、第十一条、第十七条	一般 A 级隐患	安全管理
煤矿矿长不具备安全专业知识或不具备组织领导安全生产和处理煤矿事故的能力	《中华人民共和国安全生产法》第二十四条	一般 A 级隐患	安全管理
煤矿企业发生造成人员死亡的生产安全事故,对事故负有责任的主要负责人和安全生产管理人员没有重新参加安全培训	《安全生产培训管理办法》第十二条	一般 A 级隐患	安全管理

[?] 问题举例

下面以 L 煤矿双重预防管理信息系统为例,说明风险基础库和隐患标准库的使用方法。

L 煤矿 1221 采煤工作面为该矿风险点,根据该矿地质条件和采煤工艺分析可知,各采煤工作面的风险基本相同,可直接调用。因此,该矿在前期风险基础库建立的基础上,将采煤工作面的风险直接与 1221 采煤工作面进行关联,生成了该风险点的风险清单,如图 1-8 所示。

图 1-8　风险点关联风险基础库

该矿在隐患录入时,与隐患标准库模块进行关联,通过系统模糊搜索功能,自动匹配相应的隐患信息,缩短了人工判断隐患相关信息的时间,实现了隐患的快速录入,如图 1-9 所示。

图 1-9　隐患标准库辅助录入

6. 双重预防机制涉及的主要概念有哪些? 它们之间具有什么样的逻辑关系?

　　? *问题描述*

　　2021 年 6 月 10 日,第十三届全国人民代表大会常务委员会第二十九次会议通过《全国人民代表大会常务委员会关于修改〈中华人民共和国安全生产法〉的决定》,自 2021 年 9 月 1 日起施行。新《安全生产法》要求生产经营单位必须构建安全风险分级管控和隐患排查治理双重预防机制,健全风险防范化解机制,但是当前很多生产经营单位对于双重预防机制比较陌生,不清楚双重预防机制的概念体系。

🅀 *问题辨析*

双重预防机制涉及的核心概念主要包括风险点、危险因素(危险源)、风险、管控措施、隐患。

风险点:风险伴随的系统、场所和区域;

危险因素(危险源):风险点内存在风险的主体;

风险:生产安全事故或健康损害事件发生的可能性和后果严重性的组合;

管控措施:为管控风险所采取的消除、隔离、控制或个人防护等方法和手段;

隐患:生产经营单位违反安全生产法律、法规、规章、标准、规程和安全生产管理制度的规定,或者因其他因素在生产经营活动中存在可能导致事故发生的物的不安全状态、人的不安全行为和管理上的缺陷。

从定义中我们可以看出,风险点内存在危险因素(危险源),危险因素(危险源)是产生或存在风险的主体。这三者的逻辑关系比较简单,这里我们再重点探究下风险、管控措施和隐患之间的关系。管控措施指为管控风险所采取的消除、隔离、控制或个人防护等方法和手段。管控措施将风险降低到生产经营单位可以接受的安全范围内,那么这个"可以接受的安全范围"怎么确定呢?一般情况下,如果有相关安全生产法律、法规、规章、标准、规程和安全生产管理制度的规定,那么就按照相关规定作为管控措施制定的最低标准,因为规定都是具有权威性的;如果没有相关规定,生产经营单位可依据现场实际确定风险管控措施制定的标准,确保风险受控。对于隐患,从定义中我们可以看出包含两种情形:一种是违反了安全生产法律、法规、规章、标准、规程和安全生产管理制度的规定;另一种是没有相关规定但也有可能导致事故发生的情形。这与管控措施制定的标准恰恰相反,所以当管控措施失效后造成风险不受管控,其状态超出生产经营单位可以接受的安全范围,从而形成隐患。

因此,双重预防机制核心概念的逻辑关系为:风险点内存在着危险因素

（危险源），危险因素（危险源）会产生风险，管控措施将风险管控在可接受的安全范围内，当管控措施失效后，形成隐患，如图 1-10 所示。

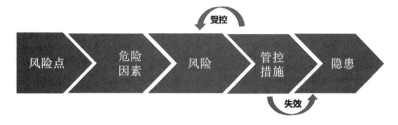

图 1-10　双重预防机制概念逻辑关系

？ *问题举例*

以煤矿举例，风险点为某个采煤工作面，采煤工作面包含着煤尘、水、瓦斯等危险因素，其中煤尘具有爆炸和使人患职业病的风险，对于煤尘爆炸的风险从降低煤尘浓度和防火源两方面制定了一系列管控措施，包括转载点洒水降尘、炮泥封孔、湿式打眼、采煤机内外喷雾、煤层注水、使用水泡泥、杜绝电气设备失爆等，当管控措施失效，如转载点未进行洒水降尘、炮泥未封孔则形成隐患。如图 1-11 所示。

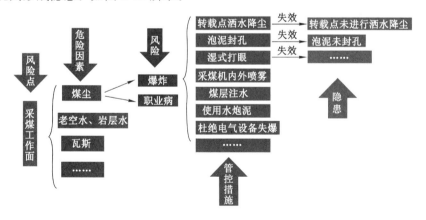

图 1-11　双重预防机制核心概念逻辑关系举例

7. 风险点与危险源之间是什么关系？

？ *问题描述*

双重预防机制的风险辨识工作是各项工作的基石，而风险辨识首先要清楚风险点和危险源的概念。有的企业的风险点清单和排查的危险源内容相同,认为是一回事;有些企业认为两者不同,但在实际辨识工作中仍存在交叉。

？ *问题辨析*

风险点清单和排查的危险源内容相同是混淆了"风险点"和"危险源"的概念,下面对"风险点"和"危险源"进行概念的辨识。

（1）何为风险点？

风险点是指风险伴随的部位、设施、场所和区域,以及在特定部位、设施、场所和区域实施的伴随风险的作业过程,或以上两者的组合。例如,危险化学品罐区、液氨站、煤气炉、木材仓库、制冷装置等都是风险点。风险点有时亦称为风险源。

排查风险点是风险管控的基础。对风险点内的不同危险源或危险有害因素(与风险点相关联的人、物、环境及管理等因素)进行识别、评价,并根据评价结果、风险判定标准认定风险等级,采取不同控制措施是风险分级管控的重要抓手。

（2）何为危险源？

危险源是指可能导致人身伤害和(或)健康损害和(或)财产损失的根源、状态或行为,或它们的组合。其中,根源是指具有能量或产生、释放能量的物理实体,如起重设备、电气设备、压力容器等;行为是指决策人员、管理人员以及从业人员的决策行为、管理行为以及作业行为;状态是指物的状态和环境的状态等。

在分析生产过程中对人造成伤亡、影响人的身体健康甚至导致疾病的因素时,危险源可称为危险有害因素,分为四类:人的因素、物的因素、环境因素和管理因素。

① 人的因素是指在生产活动中,来自人员自身或人为性质的危险和有害因素;

② 物的因素是指机械、设备、设施、材料等方面存在的危险和有害因素;

③ 环境因素是指生产作业环境中的危险和有害因素;

④ 管理因素是指管理和管理责任缺失所导致的危险和有害因素。〔引自《生产过程危险和有害因素分类与代码》(GB/T 13861—2022)〕

危险源是风险的载体,风险是危险源的属性。即讨论风险必然要涉及哪类或哪个危险源的风险,没有危险源,风险则无从谈起。任何危险源都会伴随着风险。只是危险源不同,其伴随的风险大小也往往不同。危险源在风险点中,一个风险点往往会有多个不同的危险源,可称为风险管控单元。

[?] *问题举例*

这里以煤矿采煤工作面为例,进行概念的解析。由于煤矿生产的特殊性,一般不称危险源而称危险因素。一个采煤工作面进行危险因素排查,可以有设备设施类的危险因素,如采煤机、液压支架等;作业环境类的危险因素,如顶板、瓦斯;作业活动类的危险因素,如割煤作业。

顶板作为作业环境类危险因素,主要伴随冒顶片帮的风险。瓦斯作为作业环境类的危险因素,主要有瓦斯爆炸的风险。

采煤机作为设备设施类的危险因素,在进行风险辨识的过程中,会发现其不单单只包含一种风险。比如,采煤机在运行过程中,会对我们的作业工人有机械伤害的风险;给采煤机供电的电缆,若出现绝缘层破损,导体外露,会对作业工人造成触电的风险;采煤过程中,割取下的煤块也会对作业工人产生物体打击的风险。通过辨识,我们可以发现,采煤机就包含多种风险。

在对割煤作业进行风险辨识时,需要将其划分为不同的作业步骤,分步骤进行辨识风险。比如,割煤作业主要包含交接班、作业前检查、采煤机检查、采煤机试运转、截割作业、停机作业等。每项作业步骤可能包含不同的风险,采煤机截割作业包含冒顶片帮、物体打击、瓦斯爆炸的风险。

8. 事故隐患与危险源有什么联系与区别?

[?] *问题描述*

近几年,各地纷纷开展事故隐患排查整治及危险源点普查工作,有时候两项工作同时布置下来,不少企业在进行工作时束手无策,容易将事故隐患排查与危险源普查混为一谈,其实,二者既有区别,又存在很大的联系。

[?] *问题辨析*

(1)事故隐患与危险源的概念与构成要素不同

事故隐患是指作业场所、设备及设施的不安全状态,人的不安全行为和管理上的缺陷。实质是有危险的、不安全的、有缺陷的"状态",这种状态可在人或物上表现出来,如人走路不稳、路面太滑都是导致摔倒致伤的隐患;

也可表现在管理的程序、内容或方式上,如检查不到位、制度的不健全、人员培训不到位等。

重大事故隐患是指可能导致重大人身伤亡或者重大经济损失的事故隐患。加强对重大事故隐患的控制管理,对于预防特大安全事故有重要的意义。

危险源的实质是具有潜在危险的源点或部位,是爆发事故的源头,是能量、危险物质集中的核心,是能量从那里传出来或爆发的地方。危险源存在于确定的系统中,不同的系统范围,危险源的区域也不同。例如,从全国范围来说,对于危险行业(如石油、化工等),具体的一个企业(如炼油厂)就是一个危险源;而对于一个企业系统,某个车间、仓库就是危险源,一个车间系统中可能某台设备是危险源。因此,分析危险源应按系统的不同层次来进行。

根据上述对危险源的定义,危险源应由三个要素构成:潜在危险性、存在条件和触发因素。

危险源的潜在危险性是指一旦触发事故,可能带来的危害程度或损失大小,或者说危险源可能释放的能量强度或危险物质量的大小。

危险源的存在条件是指危险源所处的物理、化学状态和约束条件状态。例如,物质的压力、温度、化学稳定性,盛装压力容器的坚固性,周围环境障碍物等情况。

触发因素虽然不属于危险源的固有属性,但它是危险源转化为事故的外因,而且每种类型的危险源都有相应的敏感触发因素。如易燃、易爆物质,热能是其敏感触发因素;又如压力容器,压力升高是其敏感触发因素。

因此,一定的危险源总是与相应的触发因素相关联。在触发因素的作用下,危险源转化为危险状态,继而转化为事故。

(2)两者之间的联系

一般来说,危险源可能存在事故隐患,也可能不存在事故隐患,对于存在事故隐患的危险源一定要及时加以整改,否则随时可能导致事故。实际工作中,对事故隐患的控制管理总是与一定的危险源联系在一起,因为没有危险的隐患也就谈不上要去控制它;而对危险源的控制,实际就是消除其存在的事故隐患或防止其出现事故隐患。所以,二者之间存在很大的联系。

在这里以煤矿采煤工作面为例对事故隐患和危险源进行说明,如图1-12所示。

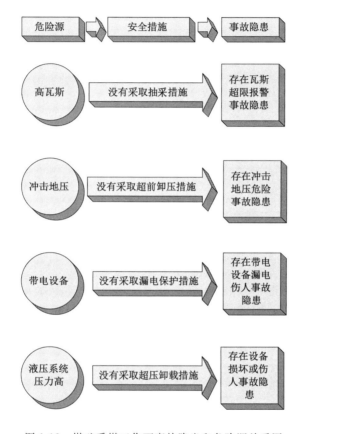

图 1-12　煤矿采煤工作面事故隐患和危险源关系图

煤矿采煤工作面存在的危险源有很多,我们就选择其中四项进行说明:

(1)矿井为高瓦斯矿井,这是自然赋存条件,如果在没有采取抽采措施的情况下进行回采作业,就有可能造成重大的安全生产事故,存在重大的事故隐患,但是如果安全管控措施到位,"高瓦斯"的这个危险源就不能发展成事故隐患,仅仅停留在危险源的层面上。

(2)矿井为冲击地压矿井,这是自然赋存条件,如果在没有采取提前打孔卸压的措施情况下进行回采作业,就有可能造成重大的安全生产事故,存在重大事故隐患,但是如果安全管控措施到位,"高瓦斯"的这个危险源就不能发展成重大的事故隐患,只是停留在危险源的层面上。

(3)带电设备是设备运行的基本条件和前提,是设备运行的自带属性,如果在没有采取增加漏电保护措施的情况下使用带电设备进行作业,就有可能造成重大的人员伤亡事故,存在重大事故隐患,但是如果漏电保护管控措施到位,"带电设备"的这个危险源就不能发展成事故隐患,只是停留在危险源的层面。

(4)工作面支架液压系统内压力高,这是工作面液压支架正常使用的基础条件,如果在没有超压卸载措施的情况下进行回采作业,就有可能造成设备损坏以及重大的安全生产事故,存在着重大的事故隐患,但是如果能够采取超压自动卸载,"液压系统压力高"的这个危险源就不能发展成事故隐患,只是危险源。

9. 安全风险和事故隐患怎么分级?

❓ 问题描述

在双重预防机制没有真正建立之前,由于各行业的安全管理模式不同,安全管理方法不同,导致企业安全风险和事故隐患分级并不统一。那么,为了便于风险的分级管控,风险应该分为哪几个级别?事故隐患应该怎样进行分级管理?是否可以自主划分级别管理?

❓ 问题辨析

上述认识存在一定的偏差,安全风险和事故隐患的分级标准应严格按照国家统一的标准来划定,便于统一管理。

(1)安全风险分级标准

依据《国务院安委会办公室关于印发标本兼治遏制重特大事故工作指南的通知》(安委办〔2016〕3 号)和《国务院安全会办公室关于实施遏制重特大事故工作指南构建双重预防机制的意见》(安委办〔2016〕11 号)等文件要求,安全风险等级从高到低依次划分为重大风险、较大风险、一般风险和低风险,在安全风险空间分布图上分别用红、橙、黄、蓝四种颜色标示。

安全风险等级的判定可以采用风险矩阵法(LS 法)、作业条件危险性评价法(LEC 法)或其他方法,下面介绍比较常用的两种方法。

① 风险矩阵法

该方法按照风险发生的概率、特征、损害程度等技术指标,根据风险发生的

可能性和可能造成的损失评定分数,进而确定相应的风险等级,其计算公式是:

$$R = L \times S$$

式中　L——危险事件发生的可能性;

　　　S——危险事件可能造成的损失。

其取值标准如图 1-13 所示。

风险矩阵	一般风险(Ⅲ级)		较大风险(Ⅱ级)		重大风险(Ⅰ级)		有效类别	赋值	损失	
									人员伤害程度及范围	由于伤害估算的损失
低风险(Ⅳ级)	6	12	18	24	30	36	A	6	多人伤亡	500万以上
	5	10	15	20	25	30	B	5	一人死亡	100万到500万之间
	4	8	12	16	20	24	C	4	多人受严重伤害	4万100万
	3	6	9	12	15	18	D	3	一人受严重伤害	1万到4万
	2	4	6	8	10	12	E	2	一人受到伤害,需急救;或多人受轻微伤害	2 000到1万
	1	2	3	4	5	6	F	1	一人受轻微伤害	0到2 000
	L	K	J	I	H	G	有效类别			
	1	2	3	4	5	6	赋值			
	不可能	很少	低可能	可能发生	能发生	有时发生	发生的可能性			
	估计从不发生	10年以上可能发生一次	10年内可能发生一次	5年内可能发生一次	每年可能发生一次	1年内能发生10次或以上	发生可能性的衡量(发生频率)			
	1/100年	1/40年	1/10年	1/5年	1/1年	≥10/1年	发生频率量化			

风险值	风险等级	说明
30—36	Ⅰ级	重大风险
18—25	Ⅱ级	较大风险
9—16	Ⅲ级	一般风险
1—8	Ⅳ级	低风险

图 1-13　风险矩阵图

② 作业条件危险性评价法

该方法采用与系统风险有关的三种因素指标值的乘积来评估风险大小,其计算公式是:

$$D = L \times E \times C$$

式中　L——事故发生的可能性;

　　　E——人员暴露于危险环境中的频繁程度;

　　　C——一旦发生事故可能造成的后果。

其取值标准如图 1-14 所示。

L——事故发生的可能性

分数值	事故发生的可能性
10	完全可以预料
6	相当可能
3	可能,但不经常
1	可能性小,完全意外
0.5	很不可能,可以设想
0.2	极不可能
0.1	实际不可能

E——暴露于危险环境的频繁程度

分数值	暴露于危险环境的频繁程度
10	连续暴露
6	每天工作时间内暴露
3	每周一次或偶然暴露
2	每月一次暴露
1	每年几次暴露
0.5	非常罕见暴露

C——发生事故产生的后果

分数值	发生事故产生的后果
100	10人以上死亡
40	3~9人死亡
15	1~2人死亡
7	严重
3	重大,伤残
1	引人注意

D——风险大小

D值	危险程度
>320	重大风险
160~320	较大风险
70~160	一般风险
<70	低风险

图 1-14 作业条件危险性评价法

需要注意的是,电力行业有所不同。在国家发展改革委办公厅、国家能源局综合司发布的《关于进一步加强电力安全风险分级管控和隐患排查治理工作的通知》(发改办能源〔2021〕641 号)中,将风险分为特别重大、重大、较大、一般、较小五级。

(2)事故隐患分级标准

依据《生产安全事故隐患排查治理暂行规定》(安全监管总局令第 16 号),事故隐患划分为重大事故隐患和一般事故隐患。

重大事故隐患,是指危害和整改难度较大,应当全部或者局部停产停业,并经过一定时间整改治理方能排除的隐患,或者因外部因素影响致使生产经营单位自身难以排除的隐患。对于重大事故隐患,由生产经营单位主要负责人组织制定并实施事故隐患治理方案。

一般事故隐患,是指危害和整改难度较小,发现后能够立即整改排除的隐患。结合企业实际情况,可以对一般隐患进一步细分。对于一般事故隐患,由生产经营单位(车间、分厂、区队等)负责人或者有关人员立即组织整改。

电力行业也同样有单独规定。在《关于进一步加强电力安全风险分级管控和隐患排查治理工作的通知》(发改办能源〔2021〕641 号)和国家能源局发布的《电力安全隐患监督管理规定》(国能发安全规〔2022〕116 号)中,将隐患分为特别重大、重大、较大、一般和较小五个等级,判定标准基本上对应特别重大事故、重大事故、较大事故、一般事故、电力安全事件。其中,特别重大级、重大级隐患对应 2020 年修改的《安全生产法》中的"重大事故隐患"。

❓ 问题举例

以某企业为例,通过年度风险辨识,采用作业条件危险性评价法评估风险,共辨识出重大风险 0 条,较大风险 3 条,一般风险 10 条,低风险 7 条。通过在四色安全风险空间分布图(图 1-15)上进行风险点标记,呈现红、橙、黄、蓝四种颜色的分布效果。

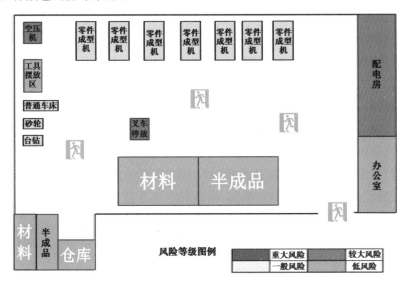

图 1-15　四色安全风险空间分布图

该企业结合实际情况,认定没有出现重大隐患,为方便管理,对本企业一般事故隐患进行分级,分为 A、B、C 三级。其中,C 级隐患由车间班组(岗位)负责整改,B 级隐患由专业分管负责人组织整改,A 级隐患由企业主要负责人组织整改。

10. 隐患和"三违"有什么区别和联系?

❓ 问题描述

在企业日常安全管理过程中,在执行安全风险分级管控和隐患排查治理的同时,对人的不安全行为(通常指"三违")管控也制定了相应的管理办法,隐患和"三违"都可直接导致事故的发生,那么隐患和"三违"有什么区别和联系呢?

首先,看下两者的定义。

隐患是指在生产经营活动中,当风险管控措施失效或落实不到位后,存在的可能导致职业健康损害或事故发生的人的不安全行为、物的不安全状态、环境的不安全因素或管理上的缺陷。

"三违"是指生产作业中违章指挥、违规作业、违反劳动纪律这三种现象。

违章指挥主要是指生产经营单位的生产经营管理人员违反安全生产方针、政策、法律、条例、规程、制度和有关规定指挥生产的行为。违规作业主要是指工人违反劳动生产岗位的安全规章和制度(如安全生产责任制、安全操作规程、工作交接制度等)的作业行为。违反劳动纪律主要是指工人违反生产经营单位的劳动纪律的行为。

从隐患的定义来看,隐患包含不安全行为,即"三违"属于隐患。既然"三违"属于隐患,那么为何还要针对"三违"单独制定管理办法呢? 究其原因,"三违"是一种相对特殊的隐患,因此其管理手段也区别于日常的隐患排查治理,具体体现在以下两个方面:

(1)"三违"作为人的不安全行为,其本身属于隐患的一种,人的不安全行为可能会导致物的不安全状态发生,造成"次生隐患"的发生,甚至造成重大隐患出现,且据以往事故统计分析数据可知,大多数事故的发生都与人的不安全行为有关,因此对"三违"行为管控需更加严格。

(2)"三违"行为通常可在现场发现时进行及时矫正(事后进行帮教),这一点不同于物的不安全状态(机)或环境的不安全因素(环)治理,"机"或"环"两种性质的隐患可能存在现场无法及时解决处理的情况,因此需通过整改、复查、验收销号流程才可闭环。

总体来讲:"三违"属于隐患的一种,由于"三违"的特殊性,其管控流程区别于日常的隐患排查治理,且管控程度更加严格。

❓ *问题举例*

某企业员工故意损坏机电设备,属于"三违"行为,其行为本身属于安全隐患,同时由于该行为造成了机电设备损坏,即造成了物的不安全状态的存在,形成了"次生隐患",在针对此次不安全行为需要执行"三违"管理相关处罚及帮教规定,同时需要针对机电设备存在的隐患进行整改、复查及销号。

11. 重大危险源、重大风险、重大隐患三者之间的联系和区别是什么？

❓ 问题描述

在企业双重预防机制建设过程中，经常会遇到一个问题，某一装置或设施被判定为重大危险源后，是否可以直接判定存在重大风险？若企业判定出重大风险后，是否会造成重大隐患？这三者之间的联系和区别是什么，该如何去界定？

❓ 问题辨析

之所以出现上述情况，其根本原因在于对双重预防机制中相关概念的错误理解和混淆，导致在实际运用中出现较大偏差。

（1）重大危险源、重大风险和重大隐患之间的联系

按照规定，重大危险源是指长期地或者临时地生产、搬运、使用或者储存危险物品，且危险物品的数量等于或者超过临界量的单元（包括场所和设施）。对于不同行业，则针对本行业有更具体的要求，如《危险化学品重大危险源辨识》(GB 18218—2018)中规定，生产单元、储存单元存在危险化学品的数量等于或者超过规定的临界量即被定义为重大危险源[①]。

有了上述危险源的概念，我们也可以将重大危险源理解为超过一定量的危险源。确定重大危险源的核心因素是危险物品的数量是否等于或者超过临界量。所谓临界量，是指对某种或某类危险物品规定的数量，若单元中的危险物品数量等于或者超过该数量，则该单元应定为重大危险源。具体危险物质的临界量，由危险物品的性质决定。

因此，重大危险源如果管控得力，生产、储存、使用或者搬运危险化学品的数量远远低于临界量，风险甚至可以消除；而重大危险源如果管控失效，一旦出现事故造成的后果又非常严重，此时，重大危险源可直接演变为重大风险。

按照《安全生产事故隐患排查治理暂行规定》（安监总局令第 16 号）的规定，重大事故隐患是指危害和整改难度较大，应当全部或者局部停产停业，并经过一定时间整改治理方能排除的隐患，或者因外部因素影响致使生产经营单位自身难以排除的隐患。重大隐患是客观事实，且风险水平极高，因

第一章　基本概念

[①] 临界量指该标准中表 1、表 2 规定的临界量。

此《安全生产法》要求国务院应急管理部门和其他负有安全生产监督管理职责的部门应当根据各自的职责分工,制定相关行业、领域重大危险源的辨识标准和重大事故隐患的判定标准。

重大风险虽没有明确的定义,但从风险定义角度可知,重大风险是权衡事故发生可能性和后果严重性下,总值非常大的风险。企业一旦判定出重大风险,必须制定有效的措施,确保重大风险可控,一旦重大风险管控措施失效,则有可能导致重大事故。

由此可见,重大危险源、重大风险和重大隐患三者的概念完全不同,但其之间的联系非常密切。重大危险源如果不实施管控,极有可能演变成重大风险,重大风险如果管控措施失效,短时间内无法整改,极有可能演变成重大隐患。反向说法则不一定成立。

(2)重大危险源、重大风险和重大隐患之间的区别

由前述分析,重大危险源、重大风险和重大隐患三者的概念完全不同。重大危险源是一个具体的单元(包括场所和设施),它是风险的载体;重大风险只是一种可能性,尚未发生,只是衡量风险的数值较大;重大隐患是已经发生的实际情况,如果处理不当,直接会酿成事故,因此它们之间的区别很大,如图 1-16 所示。

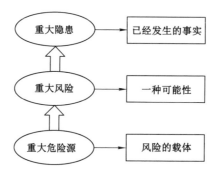

图 1-16　重大危险源、重大风险和重大隐患之间的区别

由图 1-16 可知,重大危险源不一定具有重大风险,也不一定转变为重大隐患;具有重大风险的危险源也不一定是重大危险源,更不一定转变为重大隐患。

在双重预防机制建设过程中必须厘清三者的关系,才能更好地发挥两道防线的作用,突出重点管控,杜绝重特大事故的发生。

问题举例

某生产经营单位在生产中采用液化气进行加热。经过安全风险辨识人员的计算,生产单元的储罐和用于生产加热的管道中液化气的总量超过了《危险化学品重大危险源辨识》(GB 18218—2018)规定的临界量,所以判定液化气储罐和管道单元为重大危险源。

该单位分管安全的负责人组织专业人员对现场进行考察分析,制定了《重大危险源管控方案》,对相关单元实施管控,该重大危险源一直处于可控状态。

在年底进行年度风险辨识的时候,分管负责人经辨识评估,认为该液化气储罐单元存在重大风险,管道单元存在较大风险,并制定了相应的管控措施,其中有一条要求液化气储罐远离明火。

在某次例行检查时,发现液化气储罐单元附近车间常有电焊作业,相关负责人认为这种情况属于重大隐患,需要立即采取措施,并报告企业主要负责人,申请将该电焊作业车间搬离。

分析认为,该液化气储罐和管道单元属于重大危险源,需要采取相关的管控措施,使危险源处于可控状态。在检查中发现,液化气储罐的风险管控措施失效,演变成了重大隐患,需要及时处理。这就是重大危险源、重大风险、重大隐患三者之间演变的具体过程,每个环节都需要加强管控,这样才能避免重特大或群死群伤事故的发生。

12. 风险分级管控与隐患排查治理之间是什么样的关系?

问题描述

风险分级管控和隐患排查治理是双重预防机制的两个核心要素。但目前有部分安全管理工作者认为风险分级管控中"管控措施检查"的过程就包含了隐患排查的过程,在进行风险管控的同时也一并进行了隐患排查,因此隐患排查治理就包含于风险分级管控,由此推出风险分级管控就是双重预防机制的结论。

问题辨析

上述理解是明显错误的,未理解清楚风险分级管控与隐患排查治理的内涵及关系。双重预防机制是由安全风险分级管控和隐患排查治理两部分有机融合的一个完整机制,通过风险辨识评估提前掌握生产过程中存在的风险,夯实各层级管控责任,并通过隐患排查治理确保风险处于受控状态的一种主动安全管理机制。风险分级管控与隐患排查治理的目的及内容均有所不同,在实施过程中需要相互支撑、共同发力才能实现双重预防机制"安全管理关口前移、预控为主、主动控制"的安全管理目标及理念。

(1)风险分级管控的目的及内容

风险分级管控的目的是要通过风险辨识,解决风险在哪里以及谁去管风险的问题;通过风险辨识成果的培训,包含安全风险清单尤其是重大风险防范措施、风险定期管控方式和风险日常管控方式的培训,解决如何去管控风险的问题;通过制定、执行重大风险管控措施、方案、应急预案等避免不可承受的风险;通过风险动态管理不断完善风险管控制度和提高风险管控能力。

风险分级管控包括风险辨识(包含年度安全风险辨识、专项安全风险辨识、岗位安全风险辨识)、风险评估、风险等级划分、风险清单确定、风险分级管控措施制定及风险动态管理(包括管控措施检查、动态评估并调整风险等级与管控措施)等主要工作内容。

(2)隐患排查治理的目的及内容

隐患排查治理的目的是通过排查隐患、分级治理隐患、治理验收销号的隐患排查治理闭环来消除安全生产隐患。其重点在于消除已发现但未管控到位以及尚未发现的隐患。这是防止事故发生的第二道防火墙,是遏制重特大事故的重要一环。

隐患排查治理是企业组织安全生产管理人员、工程技术人员和其他相关人员对本单位生产组织过程中人、机、环、管等方面存在的不安全因素、不安全行为进行梳理排查,并对排查出的事故隐患按照事故隐患等级记录跟踪,采取相应措施进行处理、治理的工作过程。隐患排查治理的内容包括确定隐患标准、落实隐患排查岗位责任、排查隐患、治理隐患及考核评价等5个环节,形成严密的闭环。通过最终的考核评价调整隐患标准、调整治理措施、调整排查方法,从而不断完善隐患排查治理制度,提高隐患排查治理能力。

(3)风险分级管控与隐患排查治理的关系

风险分级管控与隐患排查治理的关系可以通过梳理双重预防机制运行的三个"闭环"来理解。

首先是风险分级管控的环,即通过风险辨识、风险评估分级,制定管控措施,落实分级管控责任,再到检查风险管控措施的有效性,形成风险分级管控的闭环。

第二个环是隐患排查治理的环。通过对风险管控措施的有效性进行检查(这个环节也就是隐患排查,是同风险分级管控闭环的交点)排查安全隐患,制定隐患治理措施,落实治理责任,治理隐患,验收销号等形成隐患排查治理的闭环。

两个小环运转起来后也就形成了机制运行的大环。通过获取风险分级管控闭环和隐患排查治理闭环中的基础数据以及其他相关环节中的基础数据,对双重预防机制的运行情况进行评审,查找问题和不足,制定改进措施,对双重预防机制工作进行不断完善、不断提高,形成持续改进的闭环。双重预防机制闭环流程如图 1-17 所示。

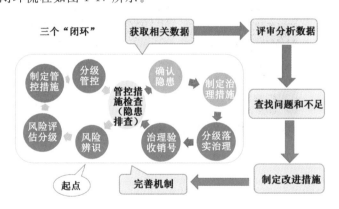

图 1-17　双重预防机制闭环

风险分级管控和隐患排查治理是两个不同的闭环,其任务和目标均不相同。它们的交点在于管控措施检查和隐患排查工作,在实际操作过程中可以同时进行,但不能说隐患排查治理包含于风险分级管控。对于风险管控措施的检查,其关注要点在于确认之前制定的管控措施是否运行正常并发挥防控效果,此时检查的是已发现风险点的风险管控措施。对于隐患排查工作,其关注要点在于确认是否存在之前发现过并且执行了管控措施但管控措施失效或部分失效的隐患,以及是否存在之前尚未发现过的隐患。很明显,风险管控措施检查只针对已经实施管控措施的隐患,也就是之前已经发现的。而隐患排查不仅要关注已知隐患,还要尽可能排查出之前未发现的隐患,这也为下一步完善风险辨识管理和提高风险辨识能力奠定了基础。所以说,风险措施检查与隐患排查工作可以在时间尺度上同时进行,但要明确的是,这依然是两项相对独立的工作,其目标及任务是有所不同的。

风险分级管控和隐患排查治理都是双重预防机制的核心组成部分,同时运转才能够支撑双重预防工作机制运行,从而实现安全管理能力持续提升。

❓ *问题举例*

以煤矿生产作业过程中常见的带式输送机为例对风险分级管控及隐患排查治理的关系进行说明(图1-18)。

图1-18 实施风险管控措施的带式输送机

运转的输送机滚筒具有伤人的风险,这里的伤人的风险是我们通过风险辨识得到的。下一步通过风险评估获得该风险的风险等级,并依据风险等级制度制定相应的风险管控措施,同时根据风险等级落实风险管控责任。输送机的风险管控措施是通过隔离的方式,给滚筒加上护栏。管控措施落实后还需要进行风险动态管理,其中包括对风险管控措施的检查。如果护栏完好无损的话,那么管控措施有效,风险得到有效管控,如图1-18所示。当护栏不合规,出现损坏或位置不当时(图1-19),管控措施失效,隐患产生,很容易造成事故发生。

隐患排查治理工作中排查隐患就是要发现带式输送机护栏设置的不合理,并没有起到预期的安全防护作用。同时还要针对带式输送机这个风险点进行全面排查,看是否还有尚未发现的其他安全生产隐患。针对排查出的隐患制定相应的治理措施并落实治理责任,治理完成后要进行验收销号,并针对该隐患完善风险管控措施,针对之前未发现的隐患完善风险辨识。

图 1-19　风险管控措施失效的带式输送机

　　在整个安全管理工作过程中,风险管控措施检查与隐患排查两项工作是可以在一次行动中完成的,但要注意的是这两项工作的目的及内容是不一样的。不能因为两项工作可以一次完成就认为风险分级管控中"管控措施检查"的过程就包含了隐患排查的过程,由此推出隐患排查治理包含于风险分级管控、风险分级管控就是双重预防机制的错误结论。风险分级管控和隐患排查治理都是双重预防机制的核心组成部分,它们有各自的工作内容及目的,只有同时运转、相互支持、不断完善提升,才能够良好运行双重预防机制,从而实现遏制重特大事故,持续提升企业安全管理能力。

13. 安全风险分级管控和事故隐患排查治理两项工作有哪些不同点?

❓ *问题描述*

　　安全风险分级管控是按照风险不同级别、管控资源、管控能力、管控措施复杂及难易程度等因素确定不同管控层级的风险管控方式。风险级别越高,管控层级越高。上级负责管控的风险,下级要同时负责管控。安全风险分级管控的基础和前提工作是安全风险辨识。

　　事故隐患排查治理包含隐患排查和隐患治理两项工作。隐患排查是企业组织相关管理、安全、技术人员对本单位事故隐患进行排查,对排查出的隐患,按照隐患等级进行登记,建立事故隐患台账。隐患治理就是消除或控制隐患的活动,包括对不同级别隐患按照职责分工明确整改责任、制定整改计划、落实整改资金、实施监控治理和复查验收全过程。

那么，企业在实际开展这两项工作的时候，存在哪些不同点？

（1）概念不同

风险是指某一特定危险情况发生的可能性和后果严重性的组合，它不同于隐患，企业只要有生产经营活动，就一定会产生风险，风险是客观存在的。隐患是可能引发事故的人、机、环、管方面的缺陷、问题，是在生产经营过程中产生而且必须要消灭的。风险的范围大于隐患，且有风险不一定会产生隐患。

（2）介入时间不同

安全风险分级管控是在生产经营活动开展之前或同时确定的，通过超前辨识风险并制定相应的风险管控措施，明确各层级管控责任，从而减少或防止隐患的产生。事故隐患排查治理，是通过定期或不定期的检查活动，发现企业生产经营过程中存在的隐患并进行闭环处理。可以看出，安全风险分级管控在安全生产工作中介入的时间更早。

（3）工作开展频率不同

安全风险辨识评估包含年度风险辨识和专项风险辨识评估。年度风险辨识是企业以年度为单位进行的周期性工作，专项风险辨识评估是企业在生产环境、系统发生变化时所进行的特定条件下的工作。整体来看，安全风险辨识评估工作时间跨度较大，工作开展频率较低。而隐患排查治理开展的频率就较高，是企业日常安全生产工作必须要做的工作。企业每天要安排安全、技术等管理人员对生产作业区域开展隐患排查工作。

14. 双重预防机制和安全生产标准化是什么关系？

一些人认为双重预防机制是安全风险分级管控和事故隐患排查治理两个部分的总称，而一些行业的安全生产标准化中在一定程度上包含了风险管控和隐患闭环的要求，因此安全生产标准化包含双重预防机制。生产经营单位实现了安全生产标准化达标，则意味着已经建立了双重预防机制，自动满足了新《安全生产法》的要求，因此不需要再建设双重预防机制了。由于《煤矿安全生产标准化管理体系基本要求及评分方法（试行）》中将"安全风险分级管控"和"事故隐患排查治理"作为两个最重要的要素,所以煤炭行业中这种理解较多。

[?] 问题辨析

上述理解是错误的,混淆了理论本身和理论应用之间的关系。双重预防机制是安全生产标准化管理体系的核心,安全生产标准化管理体系采用双重预防机制的思想和方法来达成其管理目标,将其作为管理体系的逻辑框架,从安全生产标准化角度对安全风险分级管控和隐患排查治理的工作作了具体的要求,使双重预防机制建设、运行有了更加具体的抓手。显然,两者之间是相互支持、相互促进的关系。

(1)关于安全生产标准化

安全生产标准化是指通过建立安全生产责任制,制定安全管理制度和操作规程,排查治理隐患和监控重大危险源,建立预防机制,规范生产行为,使各生产环节符合有关安全生产法律法规和标准规范的要求,人(人员)、机(机械)、料(材料)、法(工法)、环(环境)、测(测量)处于良好的生产状态,并持续改进,不断加强企业安全生产规范化建设。

安全生产标准化来源于安全质量标准化,主要强调各项工作,尤其是现场应做到什么标准、满足什么要求才能够有效保障安全生产。2010年《企业安全生产标准化基本规范》(AQ/T 9006—2010)发布,原国家安全生产监督管理总局在冶金、有色、建材、机械、纺织、轻工、商贸、烟草八个行业,全面推进企业安全生产标准化建设。安全生产标准化逐渐成为各行业进行精细化管理、提高现场安全管理水平的重要方法。

2016年,新版本《企业安全生产标准化基本规范》(GB/T 33000—2016)发布,于2017年4月1日起正式实施,其中规定了企业安全生产标准化管理体系建立、保持与评定的原则和一般要求,以及目标职责、制度化管理、教育培训、现场管理、安全风险管控及隐患排查治理、应急管理、事故管理和持续改进等8个要素的核心技术要求,标志着安全生产标准化正式成为一个完整的管理体系。在此基础上,2020年发布的《煤矿安全生产标准化管理体系基本要求及评分方法(试行)》(煤安监行管〔2020〕16号)和2022年发布的《金属非金属地下矿山安全生产标准化管理体系基本要求及评分方法(征求意见稿)》(矿安综函〔2022〕31号)中,也遵循上述思路,将双重预防机制作为贯穿、落实安全生产标准化的核心方法和要素,使安全生产标准化成为一个面向安全的管理体系。

（2）双重预防机制与安全生产标准化

① 双重预防机制需要安全生产标准化规范现场管控措施及标准

双重预防机制是安全风险分级管控和隐患排查治理双重预防性工作机制的简称，是以安全风险分级管控和隐患排查治理两要素为核心的一系列要素及其相互作用关系、逻辑的统一体：以开展企业安全固有风险全面辨识、评估为前提，以编制安全风险清单、绘制四色安全风险空间分布图、制定安全风险管控方案为基础，综合运用工程技术措施、管理措施、教育培训措施、应急处置措施、个体防护措施等消除、降低或控制相关安全风险，夯实安全风险管控责任；使用信息化管理手段跟踪风险管控措施落实情况和管控效果，同步排查隐患，以隐患治理措施和原因分析验证安全风险管控效果，补充危险有害因素辨识，完善风险管控措施。显然，双重预防机制是一个完整、科学的安全管理逻辑，在运行中双重预防机制必须要解决如何评估风险管控措施的充分性问题，即采取哪些措施、管到什么程度，才能确保相关风险处于可接受状态。这种风险管控效果的评估往往缺乏丰富的数据支持，容易受人为因素的影响，给现场操作带来了一定的困扰。

安全生产标准化的核心是实现生产现场的标准化，其各项要求是各行业长期以来安全生产经验的总结和共识。可以认为，只要现场对某个安全风险的管控措施（包括落实情况）满足了安全生产标准化中对该风险的各项规定，就表示该风险已经处于可接受水平，从而较好解决了双重预防机制在落地过程中管控措施制定的可操作性问题。因此，从双重预防机制角度，安全生产标准化为风险管控提供了科学的依据，较好解决了其落地中面临的一个重要问题。建设、运行双重预防机制必须将两者结合，形成一个完整的整体。

② 双重预防机制对安全生产标准化落地的作用

从安全生产标准化角度而言，虽然安全生产标准化建设提出了现场的各项标准，但也长期面临"过程达标、持续达标"的问题，即如何保证生产经营单位能够长期、持续保证生产现场达标，甚至不断提升的问题。为了确保所有质量控制的要求都能够在现场得到持续的落实，标准化管理体系中引入了双重预防机制作为其核心逻辑，通过风险分级管控落实各项要求的管控责任，通过隐患排查治理有效解决失控风险的再次受控问题，从而有效落实安全生产标准化建设和运行的要求。从这个意义上而言，双重预防机制是安全生产标准化落地运行的重要工具和有力抓手。2010版的《企业安全生产标准化基本规范》(AQ/T 9006—2010)仍采用原有安全管理模式，主要强调了"隐患排查和治理"的作用，但到2016版《企业安全生产标准化基本规范》(GB/T 33000—2016)就将其内容扩充为"安全风险管控及隐患排查治理"。这个变化也体现了双重预防机制对安全生产标准化的重要作用。

③ 两者之间的关系

从上文分析可知，双重预防机制和安全生产标准化之间是相互支持、相互促进的关系，而且逻辑同构，两者可以、也应该形成一个完整的整体，成为企业可运行、有效的安全管理体系，同时减少生产经营单位的负担。在《企业安全生产标准化基本规范》(GB/T 33000—2016)和很多行业的安全生产标准化中，将安全风险分级管控或类似描述（如风险管控、风险预控等）、隐患排查治理或类似描述（如隐患排查和治理、不符合管理等）列为重要的组成要素。安全生产标准化为了实现"过程达标、持续达标"等目标，从将安全风险管控措施落地角度，对双重预防机制建设和运行提出要求，也可以说安全生产标准化采用双重预防机制推进各项要求在安全管理和现场工作中有效落地。在这两者之中，双重预防机制是一个更加具有普遍性的安全管理思想和方法，安全生产标准化对各类风险管控的要求是双重预防机制运行过程中的重要依据。除了安全生产标准化外，企业也应将自身其他个性化安全管理方法融合到双重预防机制中，使各项安全管理工作形成合力，提升企业的安全治理水平。

双重预防机制和安全生产标准化之间关系密切，但也并不能说两者之间是包含关系：第一，新《安全生产法》中明确提出生产经营单位必须"改善安全生产条件，加强安全生产标准化、信息化建设，构建安全风险分级管控和隐患排查治理双重预防机制，健全风险防范化解机制"。这里也是将安全生产标准化与双重预防机制并列，而且对双重预防机制有强制性要求。第二，不能说某个管理体系中采纳了某个理论的思路，就认为该管理体系包含了某个理论，或某个理论是该管理体系的一部分。同样，不能以安全生产标准化中包含标题为"安全风险分级管控"和"事故隐患排查治理"的要素，就认为双重预防机制是安全生产标准化的一部分。以煤矿为例，2013年的煤矿安全质量标准化中包含"安全管理"专业，在其中规定了企业落实安全生产标准化必须要具备的条件、必须要做好的安全管理工作,但显然这些安全管理工作并不是企业安全管理工作的全部。安全管理是企业为做好安全生产工作而对所有与之相关的资源进行的计划、组织、协调、控制等管理工作的总和,其目的是自身安全目标的实现。显然,安全管理工作是一个更大的概念,安全质量标准化只是企业所采取的一种重要的安全管理方法。

最后,两者之间的关系可以简单总结为:

第一,安全生产标准化为风险辨识、管控措施制定等提供了依据,通过夯实各层级管控职责,确保事事有人管。

第二,双重预防机制为安全生产标准化各项具体要求落地提供了方法和抓手,及时治理失控措施,确保持续达标。

两者之间是相互支持、相互促进的关系,而且要素同构,做好双重预防机制,也就做好了安全生产标准化。安全管理永无止境,不能说安全生产标准化达标,就不需要建设双重预防机制。生产经营单位应梳理包括安全生产标准化在内的、自身运行的各种安全管理方式、方法,将其与双重预防机制有机融合,建设具有本单位特色、能够很好落地的个性化双重预防机制。

[?] *问题举例*

这里以 2020 年 5 月发布的《煤矿安全生产标准化管理体系基本要求及评分方法(试行)》中提出的井工煤矿安全生产标准化管理体系为例进行说明,如图 1-20 所示。

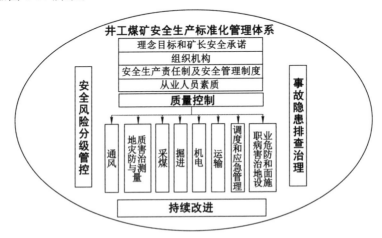

图 1-20　井工煤矿安全生产标准化管理体系框架

在这八个要素中,前四个要素,即理念目标和矿长安全承诺、组织机构、安全生产责任制及安全管理制度、从业人员素质,是管理体系运行的基础和前提;而安全风险分级管控和事故隐患排查治理是整个管理体系工作程序的核心。通过安全风险管控措施夯实质量控制各部分在日常安全生产工作中的管控责任,通过事故隐患排查治理确保质量控制各部分的要求能够切实实现。在运行过程中,不断衡量管理体系运行的绩效,定期调整各要素的内容,使整个管理体系运行绩效能够不断提升,使安全生产现场始终处于"达标"水平。安全生产标准化是通过双重预防机制落实安全质量控制要求,是双重预防机制在安全质量方面的应用。通过双重预防机制使安全生产标准化真正能够实现静态达标与动态达标、硬件达标和软件达标、内容达标和形式达标、过程达标和结果达标、制度设计和现场管理、考核检查和信息化的有机统一。

双重预防机制是一个较为普遍性的安全管理体系、框架,可以通过双重预防机制将与安全有关的很多管理方法、要求等落地,如安全监测监控、安全考核、岗位流程标准化等,从而构成一个完整的、个性化的安全管理体系,实现对生产经营单位安全工作的全面集成。双重预防机制能够以其复合闭环逻辑为核心,兼容企业各种个性化安全管理方法、大数据工具和算法,落实企业安全生产标准化的各项要求,实现对风险的预判和防控,健全企业风险防范化解机制,是具有中国特色的安全管理体系创新。

15. 双重预防机制和安全主体责任是什么关系?

? 问题描述

众所周知,安全生产主体责任是安全的基础。双重预防机制与安全生产主体责任之间是否存在关系?有些生产经营单位对《安全生产法》持一种机械的、形式上的理解,往往以形式主义的态度对待法律法规的各项要求,建立独立的双重预防机制和安全生产主体责任制度。各种制度彼此交叉,使得制度的落地难度大幅度增加,难以执行。

? 问题辨析

对生产经营单位主体责任的要求在 2014 年修改的《安全生产法》中第一次提出,2021 年 6 月新修改的《安全生产法》再次强调,要"强化和落实生产经营单位主体责任与政府监管责任"。

安全生产主体责任直接面向生产经营工作,监管责任最后也要通过主体责任落实来衡量效果,因此生产经营单位的主体责任是基础,要主动明责、履责,不断提升安全治理效能。

安全生产主体责任一般包括8方面:物质保障责任、资金投入责任、机构设置和人员配备责任、规章制度制定责任、教育培训责任、安全管理责任、事故报告和应急救援责任以及其他安全生产责任。安全生产主体责任落实逻辑模型如图1-21所示。

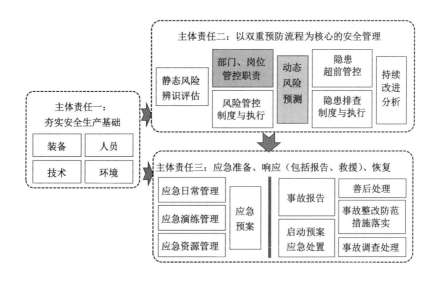

图1-21　安全生产主体责任落实逻辑模型

夯实装备、技术、环境和人员等安全生产基础,涉及物质保障责任、资金投入责任、机构设置和人员配备责任及教育培训责任四方面的主体责任要求,这也是双重预防机制运行所要求的内容。有了安全生产基础,在实际中以双重预防机制逻辑为核心,履行规章制度制定责任和安全管理责任。在业务流程层次上,夯实了各个生产经营单位层级、部门、岗位的安全生产责任制,并通过动态风险评估、预测,超前掌握风险变化情况,不断降低隐患数量,从而提升基层安全治理水平。以双重预防为核心的安全管理流程面向的是如何降低事故发生概率,属于事故前的预防;以应急管理为核心的安全管理流程则是面向事故发生后如何减少损失,涉及事故发生后的准备、响应和恢复环节,履行生产经营单位的事故报告和应急救援主体责任。事故未发生时,应急管理的主要工作是应急准备,如应急工作日常管理、应急演练管理和应急资源管理等。一旦生产经营单位的双重预防机制没有遏制住事故,则立刻根据应急预案,上报事故信息,同时开展应急处置工作。事故应急处置结束后,为了接受教训,不再发生类似事故,还要采取事故整改防范措施落实、事故调查处理等工作,彻底避免类似事故的再次发生。

因此可以说,双重预防机制覆盖了除事故报告和应急救援责任之外的所有主体责任,将其与应急管理有机结合起来,就能够作为生产经营单位履行安全生产主体责任的有效抓手。从某种意义上,双重预防机制建立、运行的过程,也是生产经营单位履行主体责任的过程。

一些观点认为双重预防机制在制定管控措施时,要考虑应急情况下的处置,而应急管理则是一种特殊情况下的风险管控,因此双重预防机制包括应急管理工作。按照这种观点,那完全可以说双重预防机制建立、运行的过程,就是生产经营单位履行主体责任的过程。

[?] *问题举例*

对于如何通过双重预防机制落实安全生产主体责任,可以采用两种方法:

(1)将应急相关要求、措施作为风险管控时异常状态的管控措施,落实到相关责任单位和责任人。双重预防机制在制定风险管控措施时,可以同时考虑风险的过去、现在和未来可能的变化情况,也就是说,不仅要考虑风险正常时候的管控措施,而且要考虑异常、紧急时刻的措施。这些措施作为不同情况下的对策,是相应部门、岗位的风险管控职责。这样,就通过风险的不同状态,将双重预防机制与应急管理有机结合起来。在风险管控时,责任人要判断风险状态,如果是一般失控状态,则通知相关部门尽快处置,走隐患治理流程;如果是紧急状态,则采取应急措施,同时通知调度部门启动相应应急预案。

(2)从顶层规划出发,整合双重预防机制与应急管理体系,形成覆盖全流程的完整安全管理体系。这种模式将双重预防机制和应急管理相对分离,正常情况下运行双重预防机制,一旦出现了紧急情况,则启动应急管理流程和应急预案。在对事故进行分析时,同时要根据分析结果修改风险辨识结果,完善风险管控措施,实现涉及应急管理的特殊风险管理流程闭合。

物质保障责任、资金投入责任、机构设置和人员配备责任、规章制度制定责任、教育培训责任这五方面是安全管理的基础,不同管理方法、体系对基础的要求略有不同,但总体而言仍然是相通的,有极大的共性。生产经营单位在进行相关基础建设时,要兼顾自身所需要执行的各项安全管理体系要求,尽可能减少安全管理体系的运行成本,避免出现形式主义。

16. 双重预防机制与PDCA循环的关系是什么?

[?] *问题描述*

有企业人员认为从安全生产工作的链条上来看,双重预防机制包括了风险分级管控和隐患排查治理两个重要环节,但是从PDCA的循环角度来讲,只有隐患排查治理流程形成闭环。

[?] *问题辨析*

双重预防机制作为一种创新管理模式,遵循PDCA(Plan-Do-Check-Act)管理循环,具备不断总结、完善、持续改进的特点,实现了安全生产工作从策划、实施、检查到改进的闭环管理,并且涉及三个"闭环",风险分级管控和隐患排查治理内部分别进行着PDCA循环,此外,企业整个双重预防机制运行也采用了PDCA循环。

在双重预防机制中,"P""D""C""A"分别表示策划、实施、检查、改进。P——策划,即风险点划分、风险辨识、风险评估、制定管控措施,确定企业运行双重预防机制的实施基础。D——实施,即分级管控,分主管领导、分管领导、区队、班组,落实工程措施、管理措施、教育措施、个体防护、应急救援措施等五个方面的风险管控措施,采取管控措施对风险进行有效管控,预防隐患的产生。C——检查,即通过隐患排查治理,验证风险管控的有效性。A——改进,即隐患治理,通过采取治理措施堵住风险管控过程出现的漏洞,并补充完善风险管控措施。

总的来说,双重预防机制通过风险辨识、风险评估分级,制定管控措施,落实分级管控责任,再到检查风险管控措施的有效性,形成风险分级管控闭环;通过对风险管控措施有效性进行检查,排查安全隐患,制定隐患治理措施,落实治理责任、验收销号等形成隐患排查治理的闭环;通过获取风险分级管控闭环和隐患排查治理闭环中的基础数据以及其他相关环节中的基础数据,对双重预防机制整体的运行情况进行评审,查找问题和不足,制定改进措施,对双重预防机制工作进行循环完善,形成持续改进的闭环。

　　某企业通过实行 PDCA 管理,推动企业双重预防机制建设不断提质增效,通过贯彻机制的三个"闭环"(图 1-17),落实好双重预防机制,推动企业安全管理工作实现螺旋式上升,不断提高安全管理效果。主要通过风险点划分、风险辨识评估、制定管控措施等,为机制的运行打好基础;通过分级管控落实职责;通过开展不同类型的排查活动检查隐患,并根据结果及时治理和分析。

　　在季度会议上分析了目前企业双重预防机制运行过程中存在的问题,评价了当前运行效果,并提出了双重预防机制持续改进的若干建议,如:对企业双重预防机制的各项制度与流程在本单位内部执行的有效性和对法律法规、规程、规范、标准及其他相关规定的适宜性进行评价,评估体系实施运行效果,适时调整相关制度、流程、职责分工等内容。

第二章

安全风险辨识

1. 风险辨识对象的范围应怎么界定?

[?] *问题描述*

一些企业在进行风险辨识评估时,认为只需要把关键位置辨识就可以,选取的辨识范围过于狭窄,导致部分风险被遗漏。

[?] *问题辨析*

风险辨识的目的是通过识别风险源、影响范围、事件及其原因和潜在的后果等,尽可能找到可能存在的风险,生成一个全面的风险列表。没有被辨识的风险显然谈不上被管控。风险辨识对象的范围应包括:规划、设计和建设、投产、运行等阶段;常规和非常规活动;事故及潜在的紧急情况;所有进入作业场所人员的活动;原材料、产品的运输和使用过程;作业场所的设施、设备、车辆、安全防护用品;丢弃、废弃、拆除与处置;企业周围环境;气候、地震及其他自然灾害等。

进行风险识别时要掌握相关和最新的信息,必要时,需包括适用的背景信息。除了识别可能发生的风险事件外,还要考虑其可能的原因和可能导致的后果,包括所有重要的原因和后果。不论风险事件的风险源是否在组织的控制之下,或其原因是否已知,都应对其进行识别。此外,要关注已经发生的风险事件,特别是新近发生的风险事件。

[?] *问题举例*

风险辨识评估过程中,辨识范围要覆盖全流程、全区域。一些企业片面地认为安全生产风险管理就是预防和控制人身伤害事故,而对设备事故、自然灾害引发的事故等其他事故类型的风险辨识评估不充分、不全面,甚至没有开展风险辨识评估。一些企业因风险辨识不深入,导致制定的风险管控措施没有针对性,工作职责得不到落实,安全风险分级管控难以发挥作用。在对一些特重大安全生产事故报告进行梳理研究后发现,多数的事故原因之一都为风险辨识不全面、管控措施不到位。其根本原因均为在对风险辨识过程中范围覆盖不合理。

2. 企业在开展风险辨识工作时应该有哪些人参与?

[?] *问题描述*

一些企业往往将风险辨识评估任务直接分配到某个或几个部门,由部门的几名员工各自辨识本部门存在的风险,没有体现全员参与,没有做到全覆盖。岗位工人每天在现场作业与设备打交道,最清楚现场的不安全因素在哪里,安全专业人员只有依靠一线人员,与岗位工人密切配合,才能辨识出风险点,制定出有针对性的预防措施,从而达到有效控制事故发生的目的。

[?] *问题辨析*

上述理解是一种机械式的理解。从安全系统工程的角度考虑,风险辨识的任务是全面发掘系统内的潜在危险因素,分析危险可能被触发而引起事故的条件、后果及影响,初步提出消除或控制事故的措施,为进一步分析评价决策提供客观依据。也就是说,风险辨识的目的在于应用。

每个人都参与辨识有极大好处,不但能够提升员工的风险意识、能力,而且将辨识与培训融为一体。但这种方式的问题也非常明显,如工作量大、时间长、辨识质量低、重复性高、未来统计难度大等。因此全员辨识的做法并不是最佳的做法,但全员培训、管控是必须的。

风险辨识可以根据管控人员进行分类辨识,即谁管控、谁辨识,然后由企业技术负责部门或安全管理部门统一进行审核。风险辨识团队的人员来自企业各个部门,而不能将风险辨识工作视为某一个部门的工作。从安全管理角度考虑,企业主要责任人和各专业分管负责人、科室负责人、区队负责人都应参加风险辨识培训。管理层以组织和审核为主,科室和区队班组是风险辨识工作的主力。每个技术科室对其技术范围内的风险进行辨识评估,每个区队班组对其工作时可能出现的风险进行辨识评估。

❓ *问题举例*

对一些生产工艺专业度要求比较高的行业,如果参与辨识的人员专业度不高、经验不丰富,那么很难从专业的角度准确辨识生产工艺中存在的风险,而这类企业生产工艺中的风险无法确保管控到位,那么一旦发生事故,往往超出人们的可承受范围。

3. 企业开展安全风险辨识有哪些准备工作? 要注意什么问题?

❓ *问题描述*

安全风险辨识是安全风险分级管控的前提和基础,其目的是识别出企业生产活动中存在的各种危险因素、可能导致的事故类型及其原因、影响范围和潜在后果。

❓ *问题辨析*

企业在开展风险辨识前需要收集相关信息,包括:

(1)外部信息

包括:企业适用的行业安全生产有关法律、法规、规章、标准、规范性文件以及安全监管要求;企业所处区域的自然环境状况;与企业邻近的周边企业和居民的相关情况;国内外同类企业发生过的典型事故情况等。

(2)内部信息

企业管理现状,中高层管理人员和专业人员的知识结构、专业经验;普通员工的知识结构、年龄结构等;生产工艺流程、作业环境和设备设施情况;建设、生产运行过程中形成的勘察、设计、评估评价、检测检验、专项研究、实验报告等;企业成立以来的事故情况等。

企业在开展风险辨识前需要组织风险辨识培训:

全体人员风险管理的意识和技能是双重预防机制建设的基础,要组织开展关于风险管理知识、风险辨识评估和双重预防机制建设方法等内容的培训,使全体员工真正树立起风险意识,掌握双重预防机制建设相关知识,具备参与风险辨识、评估和管控的基本能力。

企业开展安全风险辨识时,要充分利用现有安全生产标准化、安全评价等工作的成果,对这些工作中辨识出的危险因素认真梳理,在此基础上,进一步从不同的角度和层次充分挖掘可能存在的风险,拓展风险辨识的深度和广度,同时提高辨识准确性和效率。为提高安全风险辨识的完整性和准确性,要充分调动员工的积极性和创造性,发动全体员工特别是生产一线作业人员参与安全风险辨识,利用岗位人员对作业活动熟悉的优势,对风险点中的作业活动、作业环境、设备设施等方面进行全面的安全风险辨识。

4. 风险辨识顶层设计的常见方法有哪些?

？ 问题描述

风险辨识顶层设计是根据企业生产特点、员工素质、安全管理思路而进行风险辨识任务划分的过程,是风险辨识任务计划的核心工作。从某种意义上来说,风险辨识顶层设计的中心工作是辨识单元的划分。风险辨识顶层设计是否合理、科学直接影响辨识的结果。

？ 问题辨析

对危险源顶层设计进行合理选择首先要明确其必须满足的特殊要求。第一,顶层设计的逻辑必须能够保证对危险源全覆盖、无遗漏。所有的危险源都得到准确的辨识,是安全管理的基础,所以必须要能够实现纵横到边的划分。第二,顶层设计的逻辑必须有其内在系统性,以确保辨识人员能够有条理地工作,最终的成果形成一个完整的体系。常见的风险辨识顶层设计逻辑包括以下五种:

（1）按事故类型辨识

不同行业发生事故的类型有所不同,且有各自的行业标准,如煤矿的八大类事故、金属矿山的二十类事故、危化行业的六类事故等。根据这种逻辑方式,企业进行风险辨识任务划分时,可按照对口单位负责的方式指派相关单位负责企业内部所有与该类型事故相关的风险辨识任务,也可以由相关单位自行按照标准进行本单位业务范围内各种事故类型的对应填报工作。

这种方式管理相对简单、任务亦明确,且辨识的结果重复少、重点突出,便于企业集中精力在主要危险源上。但这种方法的缺点也非常明显:首先,对于员工而言,针对性不强,员工不太理解每一个危险源对自身的意义;其次,所辨识出的危险源与组织机构的对应性一般,不易落实整改;第三,对于一些小问题,该方法往往难以辨识到位。因而,对于规模较小、危险源少、人员流动性较高的企业而言,该方法是非常方便的方法。

（2）按专业工种辨识

按专业工种辨识是将所有辨识任务与岗位结合起来,每种岗位由若干个专家或资深业务人员共同完成。显然,这种辨识逻辑思路是将企业所有的工种进行统计,然后进行任务统一分配。其优点是识别相对详细、准确,任务完成的质量高,能够在较短时间内建立起一个较为完整、规范的危险源数据库,且增、改、删都非常方便,便于管理。其不足则主要表现在辨识工作中对于员工的教育程度不足;有些相互衔接的工作,危险源或责任不易界定;相同的工种,在不同的部门可能面临的问题有所不同,结合到部门责任明确时,个性化危险源库建立、维护的工作稍复杂。该方法是当前大多数企业进行风险辨识的主导性方法,辨识任务的计划、组织、控制,都能够有所保障。

（3）按业务流程辨识

按业务流程辨识的特点是以业务操作过程为线索,辅以动作分析等方法,详细分析每一步工作中可能伴随的风险。这种辨识方法应用以神华集团为典型。它的优点是能够非常细致地发现企业中存在的各种危险源,而且由于其面向流程的特征,故辨识过程必然涉及每一个和流程有关的员工,因而其风险辨识和培训合为一体,在对员工的宣贯和企业安全文化的建立方面,效果最好。此外,按业务流程辨识的危险源与人员结合紧密,所有人员的责任清晰。一旦出现隐患,整改迅速。

然而,由于企业中的业务流程往往要跨组织部门,因此与流程紧密结合的风险辨识方法的局限性也非常明显。其典型的问题包括:基于工作任务和某一工作岗位,对系统性危险源的辨识有遗漏,对相关联的危险源相互之间如何影响的辨识存在缺失;由于流程不同,类似的危险源在不同流程中辨识后得到的结果往往并不相同,故其辨识的危险源数量最为庞大,且重复比例高。

（4）按部门或场所辨识

按部门或场所辨识的思路是按企业组织结构或空间布局来划分辨识任

务,从而明确所有辨识工作的责任。在操作过程中,该方法先划分小区、工作场所,确定辨识单元,再从"人、机、环、管"四方面查找危险源。这种划分方式较易实现企业所有危险源的全覆盖,也容易明确各单位的责任。在确定了按部门或场所辨识的顶层设计逻辑后,企业还应从上述三种顶层设计逻辑中选取一种进行任务细分。严格来说,按部门或场所辨识并不是一个独立的方法。

该方法的优点是辨识工作责任划分方便,容易开展,亦容易控制,只要企业的组织机构设置合理,最终形成的危险源数据库与组织机构的结合非常紧密。显然,最终形成的危险源数据库在使用中与实际情况吻合度高,且易于落实到部门、责任人。该方法的缺点主要是辨识仍存在诸多的重复现象,且与业务操作过程结合度不足。另外一个重要的问题是,该方法与企业组织机构结合过于紧密,因而对于企业可能出现的组织机构调整应对不如前几种方法。

（5）按相关标准辨识

按企业所在行业需要遵循的相关安全标准进行辨识,如《煤矿安全规程》或《煤矿安全生产标准化管理体系基本要求及评分方法（试行）》（煤安监行管〔2020〕16 号）中对"质量控制"要素的要求,依次将标准中所有条目转换成日常工作中的危险源。该方法在操作中可以先将标准或规程中的条目按专业进行划分,布置给对应的专业人员去辨识。这种辨识方法所涉及人员是最少的,而且速度比较快,规范性非常好,能与企业贯标很好地结合起来。

该方法的优点是能够确保所有的危险源唯一,且能够与各种标准、规程等紧密结合,保证标准、规程在公司内部的落实。其缺点主要表现在危险源覆盖面差,可以说是几种方法中最差的一种,很多一般性的危险源并不会在标准和规程中明确规定,导致后期的危险源数据库使用存在遗漏。此外,这种方法在辨识过程中,对每一个规章条目的具体分解往往会较为复杂,且偏宏观、不易落实在日常工作中的内容相对其他方法较多。

5. 风险辨识的方法要求有什么?

[?] 问题描述

一些企业在对风险进行辨识的过程中,发现不了真正的危险,或者对风险的辨识并不准确,影响后续的评估、分级、管控等一系列工作。

❓ *问题辨析*

首先,企业风险辨识必须以科学的方法,全面、详细地剖析生产系统,确定危险有害因素存在的部位、存在的方式、事故发生的途径及其变化的规律,并予以准确描述。

第二,企业应从地理区域、自然条件、作业环境、工艺流程、设备设施、作业任务等各个方面进行辨识。可以从"三种时态"和"三种状态"下的危险有害因素,分析危害出现的条件和可能发生的事故或故障模型。

"三种时态"可以理解为过去时态、现在时态、将来时态:

"过去时态"主要是评估以往残余风险的影响程度,并确定这种影响程度是否属于可接受的范围;

"现在时态"主要是评估现有的风险控制措施是否可以使风险降低到可接受的范围;

"将来时态"主要是评估计划实施的生产活动可能带来的风险影响程度是否在可接受的范围。

三种状态可以理解为人员行为和生产设施的正常状态、异常状态、紧急状态:

人员行为和生产设施的正常状态即正常生产活动;

异常状态是指人的不安全行为和生产设施故障;

紧急状态是指将要发生或正在发生的重大危险,如设备被迫停运、火灾爆炸事故等。

❓ *问题举例*

某化工企业在落实双重预防工作时,发动全员进行风险辨识工作,由于前期未对员工进行风险辨识工作的培训,导致工作人员不能正确认识风险的概念,在辨识过程中仅仅辨识现存一些可能发生事故的因素,例如台账多数为目前主要工作下的风险,对采取措施后的残余风险以及检修过程的风险未进行识别,或者将隐患定位为风险。这种情况导致风险辨识未覆盖,不能进行全方位管控,无法做到真正降低事故率。

6. 年度风险辨识评估的目的是什么? 是对企业当前风险水平的反映吗?

❓ *问题描述*

很多企业在开展双重预防机制建设时,只是按照相关规范或要求直接进行各项工作,排在最前面的几项工作中一般会包括年度风险辨识评估或直接称之为风险辨识。在风险辨识中一些企业认为风险分级管控是面向重大风险管控的,因此只要辨识出重大风险即可。风险评估时,认为本企业风险管控非常到位,所有事故发生的可能性都非常小,因此无论后果多严重,风险都被评定为低风险。而风险分级管控要求对风险等级进行划分,因此有些企业就从评估的"低风险"中选择部分,提升其风险等级。另外,也有一些企业认为,风险是在不断变化的,评估的数值只能代表当时的情况,年度辨识评估没有意义。由于这些疑问,使得一些企业和学者认为风险辨识评估缺乏科学依据,进而对双重预防机制产生怀疑。

❓ 问题辨析

双重预防机制的本意就是提前辨识出风险,进而提前开展管控,解决"想不到、管不到"的问题。显然,辨识出的风险是一切管控工作的基础,没有辨识出的风险,说明没有认识到,必然不可能对其进行有效管控。所以年度辨识评估工作是双重预防机制建设和运行的基础,其辨识评估结果的科学性和质量,对双重预防机制的运行至关重要。

虽然很多企业的一把手和双重预防机制建设的直接负责人都非常重视年度辨识评估工作,但没有真正理解双重预防机制的内涵,从而误解了风险辨识评估的目的。甚至有些企业在开展年度风险辨识评估时,根本没有意识到其究竟为什么要做这个工作。年度风险辨识评估包含风险辨识与评估两个环节,首先要找出企业存在的所有风险,然后评估其发生的可能性和可能造成后果的严重性,进而评估风险的大小,从而明确风险的管控层级。风险分级管控就是要提前发现企业中可能造成严重后果的问题,然后通过层层分解管控任务夯实相关责任,确保风险始终处于受控状态。可以发现,风险辨识评估的目的是分解、明确责任,掌握未来一段时间的工作重点,因此其评估的风险大小就不是当前各风险的实际管控情况,而只是后续工作开展的依据。

风险可分为静态风险和动态风险,前者也称初始风险,可以理解为如果没有开展各项管控措施,其风险会有多大;后者也称剩余风险,是指该风险在当前有各种管控措施控制之下,还存在多大的风险,是企业当前实际风险的反映。

企业在进行年度风险辨识评估时,评估的是静态风险,事故发生概率等并不是针对该企业的历史进行考虑,因此实际工作中往往采用专家评估法对发生可能性进行评估。最终评估出的重大风险也并不意味着该风险当前处于失控状态,而只是说明该风险是企业风险管理的重点。有些企业在年度风险辨识评估后,对重大风险制定管控措施,进而对其进行剩余风险评估:如果剩余风险为低风险且处于可接受水平,则认为管控措施有效;否则,认为管控措施不足以有效管控风险,需要重新考虑风险管控措施、方案。因此,一些企业认为本企业经年度辨识评估没有重大风险,所有风险都是低风险,一般而言是没有理解年度辨识评估的目的,混淆了两种不同风险的含义。

? *问题举例*

这里以矩阵法为例,简要说明年度辨识评估的工作。企业辨识出某个风险后,根据矩阵法评估该风险大小。

一般而言,对某事件可能造成损失的评估基本是相对客观的,而对于该事件发生可能性的评估却往往因人而异。因此在实践工作中可以采取相对变通的方法,如借助专家的经验进行判断,采取多人组成的评估小组进行判断等,也可以在辨识结束后,对重大风险进行再评估,最终确定风险评估结果。通过评估得到各个风险的等级,采取或确认采取相关措施后,各个风险都已经降低到了低风险的区域,企业各层级人员根据自身层级、专业等,制定各自的风险管控责任清单。这个责任清单里面的等级就来源于风险辨识评估结果,而当前这些风险本身的数值都处于相应辨识准则的低风险区域。

7. 年度风险辨识的人员组织应该基于哪几个部分考虑?

? *问题描述*

煤矿在开展年度风险辨识时,需要组织各部门相关人员进行集中辨识,那么煤矿年度风险辨识的人员组织应该基于哪几个部分考虑?

? *问题辨析*

任何工作的有效开展只有找到合适的、足够的人,同时保证这些人有工作能力和意愿,才能够保质保量达成预期目标。风险辨识是集中一段时间进行的专项工作,需要员工能够全心投入,因此在选取时应遵循一定的规则。

(1)辨识小组成员应对本专业的知识非常熟悉

风险辨识的结果要作为全矿安全管理的基础,因此辨识人员本身就应该是这方面的专家,否则辨识的结果完全无法取得煤矿职工的认可。

（2）辨识小组成员应对安全管理非常熟悉

风险辨识的结果会用于煤矿风险分级管控和隐患排查治理,因此如果脱离企业安全管理实际,难以起到真正的作用。在辨识成果中,有对于管控措施方面的辨识工作,其中包含责任人、责任单位、督办人等信息。这些信息与具体煤矿紧密相关,因此辨识小组成员必须是企业中对安全管理工作非常熟悉的技术人员。

（3）辨识小组成员应有过类似的风险辨识工作经历

双重预防机制中的风险辨识虽然与原有的风险辨识等有所不同,但主要工作还是有着非常大的相似性。由于工作量较大,因此如果辨识成员有过类似的工作经验,则经过培训后能够更加快速、准确地掌握辨识的方法,保证辨识的质量。

（4）辨识小组成员对计算机操作熟悉

风险辨识的结果需直接在计算机中录入,以方便信息的共享、审核等,也便于后续的管理信息系统应用。因此,辨识人员必须熟悉计算机操作,尤其是对办公软件的使用必须足够熟练。

（5）辨识小组成员应对安全管理工作有认同感

由于企业中所有人员都有其本职工作,而风险辨识又需要相关人员额外付出大量的时间和精力,因此如果没有对安全管理工作的认同,很难有工作的积极性。

？ *问题举例*

L 煤矿组织××年年度辨识,从各职能部门中选出青年骨干组成辨识小组,将其抽调出来一定时间专门从事风险辨识工作。辨识小组成员对 L 煤矿安全管理、井下现场较为熟悉,同时熟练操作计算机办公软件,对风险辨识工作有高度的认同感,经过 1 周时间,辨识小组成员顺利地完成了 L 煤矿的风险辨识工作,形成适用于 L 煤矿的年度风险清单。

8. 风险辨识结果审核有哪些注意事项?

？ *问题描述*

企业进行风险辨识后,汇总风险辨识结果,形成企业风险清单,那么风险辨识结果审核有哪些注意事项？

[?] *问题辨析*

风险辨识结果的质量是整个双防运行质量的基础,因此风险辨识结果的审核意义非常重要,但其复杂性又决定了这个工作本身的难度。审核的目的是发现现有辨识结果中存在的错误和不一致,因此审核人就必须要明确每一个具体工作、项目的内涵,而且要保证所有审核人观点是一致的。这在一些企业中,往往是难以做到的。无论是全部远程审核或多个人审核不同专业,都需要这些审核人对辨识指南和规则有深入的了解。风险辨识是由多部门、多成员共同完成的,因此要保证最终风险辨识结果的一致性,就必须确保所有参与工作的人员对具体问题有相同或类似的判断。而在很多情况下,是难以事先把所有可能全部考虑到的,即使考虑到,在执行过程中仍然会存在误解的可能。因此,必须要及时对审核中出现的共性问题进行总结,并向所有参与人员进行宣讲。审核的目标是要保持一致性,其目的也是能够在企业安全管理实际中更加便于应用。因此在对最终结果审核通过前,有些企业会采取全面公开的形式,尤其是对基层技术员和安检员公示其负责的风险等级和管控措施,根据他们的反馈意见再进行最后的修正。这样才更有利于将审核结果扎根到员工心里,而不是将其视为一个外来的、必须执行的任务。

[?] *问题举例*

L企业于××年年初进行年度风险辨识,风险辨识完成后,风险辨识小组对结果进行了统一审核,同时下发给各部门、全体员工征求意见,根据反馈意见进行了修改,保证了风险清单的一致性、完整性、易操作性,经过领导层和管理部门的坚持不懈,随着时间的推移,风险清单的质量不断提高,和L企业的生产、安全管理工作结合成紧密的有机整体。

9. 辨识质量不高是不是就不能开展正常管控和排查工作？

[?] *问题描述*

有些人认为风险辨识是双重预防机制建设和运行的基础,甚至可以说是关键,因此必须要保证风险辨识工作的质量,否则后续的风险管控和隐患排查工作都难以有效开展。在实际工作中,一些企业领导会对风险辨识结果反复进行审核,发现不合理之处就要求重新辨识或修改,导致整个工作反复返工,难以推进。

❓ *问题辨析*

在安全管理实践中,一些具体工作需要考虑可操作性、时间、成本、人力等因素,进而采取灵活的方式去完成。风险辨识是整个双重预防机制的基础,这个论断是正确的,但这并不意味着企业必须要把风险辨识结果完善到尽善尽美才能往下进一步开展工作。过于追求辨识结果的质量,带来的问题主要体现在以下几方面:

(1) 风险辨识组织人员工作难以开展。无论企业采取全员辨识还是专业人员辨识,风险辨识组织人员都要负责辨识方法规则制定、任务分工、结果审核、进度管理等工作。如果企业领导每次根据抽查结果,认为辨识结果质量不过关,反复要求重新辨识或完善辨识结果,极容易造成风险辨识组织人员积极性受到挫伤,工作效率降低,从而给各项工作的开展制造了障碍。

(2) 风险辨识人员在反复的修改工作中,对双重预防机制建设的积极性和创造力被逐渐消磨,负面情绪容易积累,反而会因这个过程,在潜意识中将风险辨识结果质量的重要性置于非常重要的位置。哪怕最终辨识结果通过后,他们也会因为对自己辨识结果质量的信心不足,进而对双重预防机制运行持负面态度。

(3) 双重预防机制建设工作延长,后续工作质量和进度难以保障。由于双重预防机制建设在一定程度上是一个连续的过程,风险辨识的延期,往往会影响后续工作质量。

事实上,一般情况下,企业风险辨识很难在短时间内高质量地完成,尤其是企业第一次开展风险辨识时更是如此。出现这种情况的原因非常普遍,一方面是风险辨识的方法和规范在摸索中时,不但本身会存在因理解不到位而造成的质量问题,而且存在因方法和规范不断变化造成的质量问题;另一方面,在很多企业中,风险辨识是一项较为复杂、工作量比较大的工作,在时间紧、任务重的情况下,失误难以完全避免。此外,风险辨识结果描述的完善是一个可以持续精益求精的过程,只要仔细检查、按照较高的质量要求,总会不断出现需要修改的内容。因此,在企业风险较多、领导对风险辨识质量重视度高、企业员工素质欠缺、员工工作任务压力较大等情况下,从风险辨识结果中总是能发现问题,要求反复修改的情况也难以避免。既然风险辨识质量有待提升这个问题难以避免,而且反复修改又会带来诸多负面影响,那企业应该如何解决这个问题?

我们认为,需要在质量和时间、成本等方面进行综合权衡。企业在风险辨识结果能够在现场使用后,即可以此为基础开展进一步的工作。上述风险辨识结果虽然仍然存在一些问题,但双重预防机制中包含持续改进的机制设计,能够在应用过程中不断完善风险辨识结果,使其质量逐步提高,保证与实际情况的吻合。

一般而言,企业可以根据实际情况以季度为周期对风险辨识结果、风险管控效果等进行分析,补充完善风险辨识结果,优化风险管控方案,确保下一周期风险管控更加有针对性,管控效果进一步提升。

❓ *问题举例*

企业风险辨识质量影响因素比较多,主要包括以下几方面:

(1)参加风险辨识的人员素质不足,没有掌握风险辨识的方法。

参加风险辨识的人员必须提前参与风险辨识培训,以掌握统一的风险辨识方法,但由于人员理解能力、经验等方面的不同,有些人在较短培训时间内没有掌握辨识方法,导致质量不高。

(2)风险辨识规范不完善,有未考虑到的情况甚至被迫做较大调整。

在风险辨识方法培训前,风险辨识组织人员应与专家、领导讨论,确定风险辨识规范,一方面,要符合国家、行业、省市以及上级单位等部门对风险辨识、管控的要求;另一方面,要确保容易操作,覆盖各种情况,减少工作中出现未考虑到的异常,尤其避免在辨识过程中对辨识规章做较大调整。

(3)辨识人员时间不能得到保障,导致存在应付情况。

参加辨识的人员往往在进行风险辨识的同时,还有本职工作要完成,这种情况下,尤其对后期的辨识工作容易出现应付的情绪,导致辨识结果质量大幅度下降。

风险辨识组织人员的经验、前期的工作准备、培训质量等,都对风险辨识质量有较大影响。如果条件具备,企业也可以借助外部专家或具备辅助辨识功能的管理信息系统开展风险辨识工作,在减少弯路的同时,提高风险辨识质量。在尽可能保证风险辨识质量的同时,应更加重视双重预防机制持续改进的内循环,即通过季度分析,不断完善风险辨识、管控的结果,在运行过程中不断提升风险辨识质量。

第三章
风险评估及应用

1. 安全风险评估可采用哪些方法？

? 问题描述

风险评估是在风险辨识的基础上，通过确定事故发生的条件、事故发生的可能性和事故后果的严重程度，进而确定风险大小和等级的过程。那么我们有哪些风险评估的方法呢？

? 问题辨析

风险评估方法可以是定性的、半定量的、定量的，或者是这些方法的组合。各种风险评估方法的适用范围、技术特点等可以参考《风险管理 风险评估技术》(GB/T 27921—2011)。企业应该根据自身安全风险评估的目标、范围、专业技术力量、获取评估所需信息的难易程度等因素，选择适合自身特点的、简单易行的、便于操作的评估方法。各种评估方法对于安全风险评估各阶段而言适用性各不相同，企业可以在安全风险评估各阶段选用适用的风险评估方法。对于重要的环节和场所，可选用几种评估方法对同一评估对象进行评估，互相补充、互为验证，以提高评估结果的准确性。常用的两种风险评估方法有：

（1）风险矩阵法

由风险发生的可能性和可能造成的损失评定风险值，进而确定相应的风险等级。该方法按照风险发生的概率、特征、损害程度等技术指标，由风险发生的可能性和可能造成的损失评定分数，进而确定相应的风险等级。

（2）作业条件危险性评价法

由安全风险有关的事故发生的可能性、人员暴露于危险环境中的频繁程度、发生事故可能造成的后果三种因素评定风险值，进而确定相应的风险等级。作业条件危险性评价法（LEC）用与系统风险有关的三种因素指标值的乘积来评估风险大小。

[?] *问题举例*

A 煤矿用作业条件危险性分析法评估"主斜井存在煤尘含量超限导致煤尘爆炸"的风险：

L：可能性，即煤尘爆炸的可能性，取值 0.1（实际不可能）；

E：暴露频度，取值 6（每天工作时间内暴露）；

C：后果，取值 40（3～9 人死亡）；

D：风险大小，$0.1 \times 6 \times 40 = 24$ ；

查表，D 值在"<70"区间，即低风险。

则："主斜井存在煤尘含量超限导致煤尘爆炸的风险"风险等级为：低风险。

2. 如何评估危险源的风险等级？

[?] *问题描述*

有个别企业在评估危险源风险等级时提出过这样的问题，说"危险源主要包括第一类危险源和第二类危险源，化工企业管理主要管理第二类危险源，我们以第二类危险源划分风险等级合不合理？"

[?] *问题辨析*

这个问题里有两个观点是错误的：第一个观点是化工企业管理（安全）主要管理第二类危险源；第二个观点是以第二类危险源为依据划分风险等级。要弄清这两个观点错在哪里，必须要弄清楚什么是危险源，什么是第一类危险源、什么是第二类危险源。

根据《职业健康安全管理体系要求及使用指南》（GB/T 45001—2020 ）

中的术语定义,危险源(危害因素、危险来源)是指可能导致伤害和健康损害的来源。通常情况下,人们又把危险源具体分为第一类危险源和第二类危险源。第一类危险源指的是可能发生意外释放的能量和危险物质,例如,电能、动能、势能、有毒有害物质等;第一类危险源决定了事故发生的严重性,是先天性的属性。第二类危险源指的是造成约束、限制能量和危险物质措施失控的各种因素,包括:物的不安全状态、人的不安全行为、环境因素、管理因素。第二类危险源是第一类危险源造成事故的必要条件,决定了事故发生的可能性,是后天性的属性。

因此,化工企业管理危险源,需要从危险源导致事故发生的严重性(第一类)和可能性(第二类危险源)两个方面采取针对性管理。如果仅仅强调管理第二类危险源而忽视第一类危险源管理,仅能降低事故发生的可能性,一旦发生事故,事故造成的损失将大大超出企业的承受程度。

第二个观点以第二类危险源划分风险等级也是不合理的,按照《风险管理 术语》(GB/T 23694—2013)中风险等级的定义,风险等级指的是"单一风险或组合风险的大小,以后果和可能性的组合来表达"。第二类危险源是造成第一类危险源发生事故的必要条件,仅代表事故发生的可能性,不代表事故发生的后果严重性,因此,评估风险等级必须要考虑危险源所具有的风险能够造成事故的可能性和后果严重性两个方面。

[?] *问题举例*

企业安全管理不仅要关注第二类危险源,控制事故发生的可能性,在假设必然发生事故的前提下,要提前采取消除、隔离或降低事故后果的措施,只有这样才能提高企业安全生产保障系数。例如,2020 年 9 月 14 日,甘肃省张掖市耀邦化工科技有限公司污水处理厂发生了一起硫化氢气体中毒事故,造成 3 人死亡,直接经济损失 450 万元。发生原因是,企业污水处理厂当班人员违反操作规程将盐酸快速加入含有大量硫化物的废水池内进行中和,致使大量硫化氢气体短时间内快速溢出,当班人员在未穿戴安全防护用品的情况下冒险进入危险场所,吸入高浓度的硫化氢等有毒混合气体,导致中毒。

在这起事故中,当班人员违反操作规程的行为是导致事故发生的直接原因,同时是导致第一类危险源(硫化氢等有毒混合气体)意外释放的因素,这是这起事故发生的必要条件,也是企业日常管理的重点。在假定事故必然发生的情况下,如果当班人员对危险源进行充分评估,在进入危险场所前穿戴了安全防护用品,也许就不会中毒身亡,可能仅造成轻微中毒或是不中毒。

3. 风险点台账中的几类日期应该怎么填写?

[?] *问题描述*

企业风险点台账中,涵盖了风险点名称、排查日期、开始日期、解除日期等信息,那么我们在编制风险点台账的时候,风险点台账中的几类日期应该怎么填写?

[?] *问题辨析*

安全风险辨识的第一步是风险点划分,即按大小适中、功能独立、责任明确的原则划分风险点。风险点划分完毕后要形成风险点台账。风险点台账内容应包括风险点名称、开始日期、排查日期、解除日期等信息。排查日期即风险点划分日期;开始日期即风险点正式投用的日期;解除日期即风险点结束投用的日期。

[?] *问题举例*

L 煤矿××年 12 月组织年度风险辨识,辨识小组对风险点进行划分,形成风险点台账。开始日期即风险点按生产组织计划正式投用的日期,如××工作面计划××年 8 月开始开采,其开始日期为××年 8 月;排查日期即风险点划分日期,其排查日期为××年 12 月;解除日期即风险点按生产组织计划结束投用的日期,如××工作面计划××年 10 月开采完毕,其解除日期为××年 10 月。

4. 安全风险清单如何编制?

[?] *问题描述*

很多生产经营单位在开展风险辨识时辨识了大量风险,即使使用了软件系统,在实施风险分级管控时仍感到力不从心,不是感觉风险数量太多,检查不过来,就是感觉好多风险没有必要一一确认是否到位,究其原因是在风险辨识方面出现了问题,没有形成数量合理的、方便检查的风险清单。

[?] *问题辨析*

在风险数量方面,企业应对风险点下造成同类事故的风险进行归类和总结。具体方法是采用事故树分析法,以事故结果为导向,对不同原因、不同因素(人的不安全行为、物的不安全状态、环境的不安全条件、管理缺陷等)产生的风险进行归类总结,设置统一风险描述格式,使风险描述在同一风险点下具有普适性,能够囊括不同因素产生的同类型风险,并且在管控措施里分项设定管控要求,便于检查、执行。

至于作业活动产生的风险可单独辨识,辨识后由区队(车间)和班组组织管控,这样有利于企业管理层安全管理抓大放小,避免眉毛胡子一把抓,抓不住安全重点。

需要注意的是,风险辨识结果清单和风险管控责任清单是不同的。风险辨识结果清单应重视全面、有效,而风险管控责任清单则是各个岗位在日常管理中需要管控的内容,应关注重要性、可操作性等。处于可操作性的考虑,每个岗位的风险管控责任清单数量一般是有限的,在某个具体的安全管理或生产场景下,需要管控的风险就更少,从而保障风险分级管控能够落地。

❓ *问题举例*

以煤炭行业煤尘爆炸风险为例,煤尘爆炸是事故后果,按照事故树分析法思路反推事故原因,主要事故原因有:生产期间转载点喷雾效果差,空气中煤尘浓度达到爆炸下限(相关规定见《煤矿安全规程》),采煤过程中采煤机滚筒截割硬岩产生火花或机电设备出现失爆等情况,从以上几方面原因有针对性地编制管控措施,见表 3-1。

表 3-1 企业安全风险清单样例表

风险点	危险因素	风险类型	风险描述	风险等级	管控措施	责任单位	管控时限
30103 工作面	煤尘	通风	30103 工作面煤尘存在爆炸风险	重大风险	1. 防尘系统完善可靠 (1) 按规定建立健全可靠的防尘系统	通风队	2021 年 4 月 27 日—2021 年 11 月 30 日
					2. 防尘设施使用维护 (1) 工作面生产期间开启采煤机内外喷雾、架间喷雾降尘,风机巷开启净化水幕降尘停机后工作面冲尘。 (2) 定期对防尘设施进行检查,对损坏喷头维护或更换	综采队	2021 年 4 月 27 日—2021 年 11 月 30 日
					3. 防尘责任落实 (1) 配备属地区域冲尘责任人,落实冲尘	综采队	2021 年 4 月 27 日—2021 年 11 月 30 日

表 3-1(续)

风险点	危险因素	风险类型	风险描述	风险等级	管控措施	责任单位	管控时限
30103 工作面	煤尘	通风	30103 工作面煤尘存在爆炸风险	重大风险	4. 火源防控措施落实 (1) 严禁产生高温热源。 (2) 落实工作面温度检测及监测	通风队	2021 年 4 月 27 日—2021 年 11 月 30 日

在这里需要说明几点：

一是风险描述问题，这里风险描述采取的格式是"风险点＋危险因素＋事故后果"，这样描述下来的风险具有普适性，而不是唯一性，很多跟 30103 工作面煤尘爆炸风险有关的因素都可以在管控措施里体现管控要求。

二是管控措施编制，管控措施应根据管控内容不同分别建立检查项。以此例分析，检查项有：防尘系统完好性、防尘设施使用维护要求、防尘责任落实、火源防控等方面，从这几方面分别制定详细条款，应用于执行和检查。

5. 如何编写安全风险辨识评估报告?

🔲 *问题描述*

安全风险辨识评估是双重预防机制工作的重要组成部分，也是机制运行的基础。安全风险辨识评估报告是风险辨识评估的结果，也是整个安全风险辨识评估工作的记录，知道如何编写安全风险辨识评估报告也即知道了如何开展安全风险辨识评估工作。

🔲 *问题辨析*

安全风险辨识评估报告是整个安全风险辨识评估工作的记录，包含从人员组织、辨识、评估、应用整个工作的全流程，一般包含以下几个方面：

（1）组织机构

参与本次安全风险辨识评估工作的人员组成、分组情况及各自职责。

（2）安全风险辨识评估范围

本次安全风险辨识评估范围及所需收集的资料清单。

（3）基本状况

辨识对象的基本信息，如生产系统概况、主要灾害、设施设备概况、主要任务信息等,需根据本次辨识的对象按需编写。

（4）安全风险辨识

采用合理的辨识方法(如安全检查表法、作业危害分析法、经验分析法等)对辨识范围内的危险因素开展辨识,并形成风险描述。

（5）安全风险分析

结合风险产生的原因、伴随的状况以及具体的状态对风险进行分析,为风险评估做好准备。

（6）安全风险评估

结合风险分析内容,采用合理的安全风险评估方法[如作业条件危险性评价法(LEC 法)、风险矩阵分析法(LS 法)]对风险进行评估,确定风险等级。

（7）管控措施制定

遵循安全、可行、可靠的原则,按照安全生产法律、法规、标准、规程等要求,结合企业实际,从工程技术、安全管理、人员培训、个体防护等方面制定风险管控措施,确保风险处于受控状态。

（8）结果应用

表明本次安全风险辨识评估的应用情况。

（9）附件:(重大)安全风险清单

本次安全风险辨识评估的安全风险清单。

? 问题举例

以煤矿年度安全风险辨识评估举例说明:

为了有效管控××煤矿重大安全风险,进一步明确××煤矿××年安全风险管控重点,实现安全生产,按照××煤矿××年生产经营各项工作安排,××月××日至××月××日由煤矿矿长组织开展了××年度安全风险辨识评估工作,各分管矿领导、副总工程师及相关部门和区队人员参加了本次安全风险辨识评估。

一、组织机构

为了做好××年度安全风险辨识评估工作,××煤矿成立了安全风险辨识评估领导小组,下设安全风险辨识评估办公室,并设置了 4 个专业的安全风险辨识评估小组。

1. 安全风险辨识评估领导小组

组　长：×××（矿长）

副组长：×××、×××、×××（各分管矿领导）

成　员：×××、×××、×××（各副总工程师和各科室、区队负责人等相关管理人员）

职责：

（1）收集与××煤矿××年生产经营任务相关的资料和信息；

（2）开展年度安全风险辨识、评估工作；

（3）制定安全风险管控措施，并转化应用；

（4）编制《××煤矿××年度安全风险辨识评估报告》和《××煤矿××年度重大安全风险管控方案》。

2. 安全风险辨识评估办公室

设在安监科，办公室主任由×××（安全副矿长）兼任，负责年度安全风险辨识评估工作的联络、技术指导、检查、汇总等工作。

3. "一通三防"安全风险辨识评估小组

组　长：×××（总工程师）

副组长：×××（通风副总工程师）

成　员：×××、×××、×××（通风科、通风队、钻探队、综采队、掘进队等相关管理人员）

职责：

负责"一通三防"专业安全风险辨识评估相关工作。

……

二、安全风险辨识评估范围

本次安全风险辨识评估覆盖煤矿的所有区域，包含煤矿地面、井下的所有生产系统、建（构）筑物和设备设施。

安全风险辨识评估前，收集以下相关资料和信息：

（1）煤矿主要灾害及事故信息；

（2）煤矿生产系统的相关信息；

……

三、煤矿基本信息

（一）煤矿概况

××煤矿隶属××公司，行政区划属××管辖。煤矿距离市中心约×

×km,北距居民区××km。井田面积约××km²,地质资源量××亿 t,设计可采储量××亿 t,设计生产能力××万 t/a。

（二）煤层

⋯⋯

（三）生产系统

⋯⋯

（四）主要灾害

⋯⋯

四、安全风险辨识

采用经验分析法对矿井主要灾害信息、生产系统等进行分析,共辨识出××条安全风险。

（一）瓦斯（2 条）

（1）一水平××综放工作面回采期间,可能发生瓦斯超限。

（2）一水平东翼运输巷掘进至 800～1 000 m 处,可能出现瓦斯涌出异常。

（二）煤尘（2 条）

（1）矿井总回风巷积尘。

（2）综放工作面回风巷积尘。

⋯⋯

五、安全风险分析

（一）瓦斯

（1）一水平××综放工作面回采期间,因煤层瓦斯含量大、过断层、抽放系统不稳定等原因,可能发生瓦斯超限。采煤工作面最大绝对瓦斯涌出量为 4.65 m³/min,正常生产期间工作面瓦斯不超限;但遇设备故障或其他非正常情况,可能导致瓦斯超限。

（2）一水平东翼运输巷掘进至 800～1 000 m 处遇断层约 4 条,断层可能存在瓦斯异常区域、导通相邻煤层采空区瓦斯,导致瓦斯超限。

（二）煤尘

（1）总回风巷行人少,检查频次相对较少,除尘装置工作不正常、未定期清理会造成积尘,遇明火可能导致煤尘爆炸。

（2）综采放顶煤工艺产尘量大,如遇除尘装置工作不正常、未定期清理会造成积尘,遇明火可能导致煤尘爆炸。

......

六、安全风险评估

采用作业条件危险性分析法对辨识出的风险进行评估,确定重大风险××条、较大风险××条、一般风险××条、低风险××条,风险评估表见表3-2。

表3-2　安全风险风险评估表

危险因素	风险描述	风险评估				
		L	E	C	D	风险等级
瓦斯	一水平××综放工作面回采期间,可能发生瓦斯超限	3	3	40	360	重大风险
	一水平东翼运输巷掘进至800~1 000 m处,可能瓦斯涌出异常	3	2	40	240	较大风险
粉尘	矿井总回风巷积尘	6	2	7	84	一般风险
	综放工作面回风巷积尘	6	2	7	84	一般风险
......	......	...	...	...	...	......

七、管控措施制定

遵循安全、可行、可靠的原则,按照安全生产法律、法规、标准、规程以及煤矿安全生产标准化管理体系相关要求,结合矿井实际,从工程技术、安全管理、人员培训、个体防护等方面制定风险管控措施,具体见表3-3。

表3-3　风险管控措施制定样例表

危险因素	风险描述	风险等级	管控措施
瓦斯	一水平××综放工作面回采期间,可能发生瓦斯超限	重大风险	1. ...... 2. ....
	一水平东翼运输巷掘进至800~1 000 m处,可能瓦斯涌出异常	较大风险	1. ...... 2. ....

表 3-3(续)

危险因素	风险描述	风险等级	管控措施
粉尘	矿井总回风巷积尘	一般风险	1. …… 2. …… ……
	综放工作面回风巷积尘	一般风险	1. …… 2. …… ……
……	……	……	……

八、结果应用

年度辨识评估结果应用于确定下一年度安全生产工作重点。

九、附件:重大安全风险清单(表 3-4)

表 3-4　重大安全风险清单样例表

危险因素	风险描述	风险等级	管控措施
瓦斯	一水平××综放工作面回采期间,可能发生瓦斯超限	重大风险	1. …… 2. …… ……
……	……	……	……

6. 重大风险直接认定是否合理?

❓ 问题描述

在双重预防机制建设中,一些行业、省份在相关规章、文件中要求对部分情形直接认定为重大风险。部分双重预防机制建设人员对这个规定有不同的看法:一种观点认为风险辨识评估是企业主体责任的一部分,应根据自身实际情况开展,外部强行认定重大风险不科学;另一种观点认为风险是始终处于不同变化状态的,没有不变的风险,因此强制认定重大风险不合适。

❓ 问题辨析

虽然能够有效提升生产经营单位的安全管理水平,但双重预防机制提出的直接目的就是遏制重特大事故发生。要遏制重特大事故,就必须知道安全管理的重点,因此需要开展风险辨识评估,使生产经营单位对风险情况能够有准确把握,夯实责任,把"好钢用在刀刃上"。重大风险就成为双重预防机制运行中关注的重点。安全生产监管部门对重大风险直接认定是可行的,也是必要的。

从可行性角度而言,由于双重预防机制所要求的风险辨识评估是面向风险管控责任落实,因此从安全监管部门立场出发,根据历史数据等因素认为自身监管范围内某些情形下的风险非常高,完全有权力要求被监管单位必须将相关风险当作重大风险进行管控。如国家矿山安全监察局在2020年的《煤矿安全生产标准化管理体系基本要求及评分方法(试行)》中就明确规定:"高瓦斯及突出、水文地质类型复杂和极复杂、煤层自燃及容易自燃、有冲击地压等4类重大灾害矿井,应将相应影响区域的安全风险评估为重大风险"。中国煤炭工业协会和山东、山西两省在其发布的煤矿双重预防机制建设团体标准和地方标准[《煤矿安全双重预防机制规范》(NB/T 11123—2023)、《煤矿安全风险分级管控和隐患排查治理双重预防机制实施指南》(DB 37/T 3417—2018)和《煤矿安全风险分级管控和隐患排查治理双重预防机制实施规范》(DB14/T 2248—2020)]中都对重大风险直接认定有相关的规定。

从必要性角度而言,由于一些生产经营单位出于对双重预防机制理解不到位或躲避安全监管部门监管的原因,重大风险辨识不合理,导致安全管理存在漏洞,没有真正落实安全生产主体责任。同时,在实践中也存在安全检查人员、专家与生产经营单位对重大风险理解不同,给相关工作带来困扰的情况。因此,安全监管监察部门从监管角度,明确重大风险认定情形,对于生产经营单位做好安全风险管控,避免实际工作中的不必要干扰等,都具有重要的意义。

需要指出的是,任何规章、文件等中对于重大风险强制认定的规定,都只是对重大风险规定的最低要求,也就是说,生产经营单位实际辨识评估出的重大风险应该包含但不限于强制认定的重大风险,至少两者相等,如图3-1所示。

图 3-1 强制认定的重大风险与最终辨识结果关系

在實際中很多生產經營單位都會遇到一個疑問,即上級單位或安全監管部門檢查時不認可被檢查單位的風險辨識結果,而且還存在不同檢查部門觀點彼此衝突的情況,造成生產經營單位在實際工作中無所適從。

這個問題出現的原因主要是對風險大小評估的個人理解不同。如有些風險某些專家認為自身企業發生過,因此可能性非常大,本單位也就是將其作為重大風險進行管控的,但被檢查單位可能認為本單位這方面管控非常好,風險並不高,因此不應該歸為重大風險。這種情況下,一般應以生產經營單位為主,畢竟主體責任更加重要,但確實也存在風險評估結果與實際情況嚴重不符的情況。某些企業以自身管理水平高,沒有發生過事故為由,認為某些風險非常大的情形不是重大風險,如高瓦斯的井工煤礦,將瓦斯不列入重大風險清單。這種情況的根源在於對於雙重預防機制理論的誤解。以高瓦斯礦井為例進行說明:高瓦斯礦井的瓦斯風險性非常高,這一點已經被事實反復證明,企業依據的理由混淆了固有風險(靜態風險)和剩餘風險(動態風險)的區別。該企業當前的瓦斯風險是低風險,但這個低風險的實現,是企業對瓦斯治理、管控工作的高度重視,如礦長親自管控、一旦某些條件不具備則堅決停工治理等,事實上這已經是將該風險按照重大風險進行管控了。也就是說,該風險屬於重大風險,企業也將其按照重大風險進行管控,當前管控效果也較為理想,風險的數值處於低風險水平。生產經營單位不能因當前動態風險的大小判斷靜態風險的數值,從而給風險管控責任的落實帶來干擾。

我們在工作中經常會聽到,在某次會議上,上級部門或安全監管部門提出要將某些風險作為重大風險進行管控,其本質也是一種重大風險的直接認定。

7. 煤礦企業重大風險如何評估認定?

❓ 問題描述

煤礦企業按照煤礦安全生產標準化管理體系建設要求,每年底需要開展一次年度安全風險辨識評估,年中根據需要進行專項安全風險辨識評估。有人認為,煤礦安全生產標準化要求,年度辨識主要從水、火、瓦斯、煤塵、頂板、沖擊地壓、提升運輸等易導致群死群傷的方面開展,這些凡是能夠導致群死群伤的危险因素理应评估为重大安全风险。

[?] *问题辨析*

这种看法误解了标准条款的含义，也不明白重大风险怎么评估，这里从以下方面解释说明。

（1）条款含义

煤矿安全生产标准化管理体系对年度辨识的危险因素提出了基本要求，也就是，结合煤矿地质条件和现场实际，从"5＋2"（水、火、瓦斯、煤尘、顶板、冲击地压、提升运输等）等方面开展安全风险辨识，根据生产现场安全管理重点可不局限于以上方面，例如，有的煤矿把火工品管理视作本单位安全管控的重点，对火工品的储存、运输、领用、使用、退回等工作环节开展了安全风险辨识，严格防控火工品安全风险；再比如，有的煤矿井下采用无轨胶轮车运输，且在运输环节经常发生事故，因此在年度辨识时把无轨胶轮车运输作为安全重点开展风险辨识，来加强无轨胶轮车运输风险防控。

（2）重大风险评估

重大风险评估方式有两种，一种方法是根据文件标准要求，直接认定重大安全风险。例如：《煤矿安全生产标准化管理体系基本要求与评分方法（试行）》第6部分安全风险分级管控要求，"高瓦斯及突出、水文地质类型复杂和极复杂、煤层自燃及容易自燃、有冲击地压等4类重大灾害矿井，应将相应影响区域的安全风险评估为重大风险"。

另一种方法则是使用评估方法通过计算得出某种风险的等级是否为重大风险，煤矿安全风险评估常用的辨识评估方法有风险矩阵分析法、作业条件危险性评价法等。

[?] *问题举例*

（1）重大安全风险直接认定情形

《煤矿安全生产标准化管理体系基本要求与评分方法（试行）》规定了四类认定为重大安全风险的情形，部分省份根据各省煤矿现状特点对重大安全风险认定规定了更加具体的情形，例如，山东省《煤矿安全风险分级管控和隐患排查治理双重预防机制实施指南》（DB 37/T 3417—2018）对煤矿重大风险认定情形进行了细化，煤矿企业有下列情形之一的，直接确定为重大风险：

主副提升系统断绳、坠罐风险；

主供电系统可能导致停电的风险；

主通风机可能导致停风的风险；

水文条件复杂、极复杂矿井的主排水系统可能导致淹井的风险；

在强冲击地压危险区或顶板极难管理的区域进行采掘生产活动的；

在受水害威胁严重区域进行采掘生产活动的；

通风系统复杂，容易出现系统不稳定、不可靠及造成不合理通风状况的；

在煤与瓦斯突出、高瓦斯区域进行采掘生产活动的；

在具有煤尘爆炸危险的采煤工作面放炮作业的；

在容易自燃煤层、自燃煤层采用放顶煤开采工艺生产的。

（2）采用评估方法评估重大安全风险

有的省份（自治区），除国家、地方相关文件标准规定的直接认定为重大安全风险的情形外，结合当地煤矿自身情况，运用风险评估方法也可能把其他安全风险评估为重大安全风险。比如，有的煤矿井下地质构造复杂，顶板松软、破碎，在掘进、回采过程中极易掉顶，可能造成重大伤亡事故和财产损失，运用风险矩阵分析法，评估顶板事故风险可能性为6，后果严重性为5，风险值为30，最后，顶板事故风险评估为重大安全风险。

8. 风险评估分级过程中应注意哪些问题？

⁇ 问题描述

在对风险进行辨识之后，如何运用合适的方法对风险进行评估分级，很多评估工作人员不能准确把握，造成评估分级与实际情况相差甚远，无法采取有效措施去进行管控。

⁇ 问题辨析

在实际安全管理过程中，判定事故发生的可能性和事故后果严重程度，需要选择适用的定性或定量风险评估方法进行科学判定。如对事故发生的可能性，可采用事故统计分析、事件树分析等分析方法来判定；事故后果的严重程度，可采用事故统计分析和事故后果定量模拟计算等方法来判定。

由于企业类型千差万别，企业风险管理水平各不相同，特别是对于一些风险较低的企业，虽然按照统一标准没有构成重大风险，仍然要按照风险管理的原则，坚持问题导向，抓住影响本企业安全生产的突出问题和关键环节,研究确定本企业可接受的风险程度。企业在对照双重预防机制建设文件和要求实施创建的过程中,必须采取多种途径,实行综合治理,才能取得事半功倍的效果。

⁉️ 问题举例

A 煤矿辨识小组首先根据规程规范中重大风险认定情形进行确认,若有符合重大风险认定情形的风险,则直接认定为重大安全风险;若没有,则利用风险矩阵评价法或作业条件危险性评价法进行风险等级评估。评估完成后,辨识小组应将评估结果提交主要责任人或总工程师进行审核,根据审核意见调整利用风险矩阵评价法或作业条件危险性评价法等方法评估出的重大风险。

当较大风险、一般风险出现争议时,辨识小组可以组织针对争议部分的专项讨论,阐述各自的意见,最终达成一个统一的风险评估等级。

9. 同质化的生产单位重大安全风险也是一致的吗?

⁉️ 问题描述

一些企业名下经营着多个同样生产系统的厂矿,在对生产单位进行风险分级管控工作的时候,认为这些厂矿生产着同样的产品,装备着同样的生产设备、系统,因此重大安全风险也是一致的,制定一个管控措施,每家单位都遵照执行就可以了。

⁉️ 问题辨析

以上做法是错误的,对风险和产生风险的因素理解不够深入。风险是指生产安全事故或健康损害事件发生的可能性和后果的组合;危险因素是指可能产生或存在风险的主体,危险因素往往包括设备设施、作业活动、作业环境以及其他因素,风险在辨识过程中要充分考虑全面,不能片面地考虑设备设施和作业活动,同样的设备和作业流程可能因为环境以及其他因素的不同导致风险级别相差极大。

⁉️ 问题举例

一家集团下属有 A 和 B 两家工厂,核定产能一样,设备型号也一样,A厂的煤气管道距离厂房 10 m,B 厂的煤气管道距离厂房 2 m,在组织辨识评估工作时,对 A 厂的煤气管道评定风险级别为中风险,B 厂未进行风险辨识评估工作,将 A 厂的辨识评估结果原版执行,对煤气管道采取了与 A 厂一样的管控措施。某日 B 厂厂房墙壁年久失修造成坍塌,掉落的混凝土将煤气管道截断,造成大量煤气泄漏,遇明火发生爆炸事故。

10. 风险数据初始化和持续更新需要注意哪些问题?

?️ *问题描述*

以工贸企业为例,其他行业参考。工贸企业生产现场设备设施、作业活动数量和种类较多,初始风险和变化风险不易管理。因此,企业在信息系统初期规划环节,需要关注信息系统如何解决风险初始化和持续更新的问题。

?️ *问题辨析*

(1)风险数据初始化

工贸企业特别是规模以上企业,信息系统设计可考虑建立企业安全风险基础数据库,分条目、分类别进行编号,在数据初始化阶段导入系统。各部门、车间根据各自责任区域安全生产现状,把责任区域内的设备设施、作业活动与基础库对应编号的风险进行关联,设置管控单位、责任人员和(或)监管人员,以及检查频次。这样设置后,风险点内有了具体的风险数据,同时也形成了各部门、车间以及责任人员和监管人员的风险管控责任清单。

(2)风险持续更新

很多地区工贸行业都要求企业每年至少开展一次年度风险辨识,企业在日常生产过程中,由于人员、设备设施、工艺工序等出现变化,安全风险也跟随着变化,特别是年度安全风险辨识,风险无论数量变化还是风险基础库本身修改都较多,这种情形下信息系统设计应注意已关联的风险如何快速更新关联。首先,应对风险基础库进行更新,更新后各单位根据各自实际情况快速关联,从而确保系统中的风险数据与生产现场保持一致。

?️ *问题举例*

某厂经过前期双重预防信息化建设,目前信息系统已投入运行,在系统内分类分条目导入风险数据,风险数据以组为编号,并且各部门、车间也已做关联。在年度辨识过程中,由各单位辨识人员首先辨识风险基础数据,辨识完成后由厂安环部统一审核、修改,更新风险基础数据库。

在风险关联环节,前期选择的编号下的风险基础数据已更新为辨识后的风险基础数据,各部门、车间根据生产现场实际情况对已关联的风险进行调整、补充,这样确保信息系统内风险数据与现场实际情况相吻合。

11. 安全风险辨识评估结果如何应用?

⁇ 问题描述

企业在开展双重预防机制建设工作时,花费了大量的精力开展安全风险辨识评估工作,但很多企业在安全风险辨识评估后不知道如何应用辨识评估结果,普遍出现"有辨识,无应用"的现象,这也造成很多企业认为双重预防机制尤其是安全风险分级管控只是做资料,起不到实际作用。

⁇ 问题辨析

在双重预防机制工作中安全风险辨识评估是后续风险管控工作的前提条件,对于隐患排查也具有指导作用,它是开展双重预防工作的基础,同时也可对安全生产工作提出意见。安全风险辨识评估结果的应用主要体现在以下四个方面:

(1)企业安全风险清单

根据各类安全风险辨识评估结果形成企业的安全风险清单,对企业整体风险情况进行评价。

(2)安全风险管控清单

根据企业安全风险清单,依据分级管控原则、职责范围形成个人安全风险管控清单,确保风险管控责任落实到人。

(3)四色安全风险空间分布图

根据安全辨识评估结果,结合风险点绘制四色安全风险空间分布图。

(4)安全生产工作

应用于安全生产工作,如确定年度安全工作重点,指导作业规程、操作作业规程、安全技术措施编写等。

⁇ 问题举例

以煤矿安全风险辨识评估结果应用举例说明:

依据煤矿安全生产标准化管理体系相关要求,煤矿安全风险辨识分为年度风险辨识和四种类型的专项风险辨识,结果应用如下:

(1)煤矿安全风险清单

煤矿企业结合年度辨识评估结果,形成煤矿安全风险清单,作为全矿安全管理的基础,同时在专项风险辨识评估后,有新增风险的,对煤矿安全风险清单及时补充更新,确保煤矿安全风险清单符合实际。

（2）安全风险管控清单

煤矿根据煤矿安全风险清单，建立矿长、分管负责人、副总工程师、科室管理人员、区队管理人员及班组关键岗位的安全风险管控清单，确保管控责任落实到人，避免出现有辨识无管控的现象，导致风险管理工作仅停留在纸面上。

（3）四色安全风险空间分布图

煤矿依据安全风险清单，结合风险点绘制四色安全风险空间分布图，风险点按照风险点内存在风险的最高等级确定重大风险、较大风险、一般风险、低风险，分别对应红、橙、黄、蓝四种颜色，当风险点或重大风险发生变化时及时更新（宜采用信息化手段实现）。

（4）安全生产工作

年度安全风险辨识评估结果应用于确定下一年度安全生产工作重点；

新水平、新采（盘）区、新工作面设计前专项安全辨识评估结果应用于完善设计方案，指导生产工艺选择、生产系统布置、设备选型、劳动组织确定等；

生产系统、生产工艺、主要设施设备、重大灾害因素等发生重大变化时的专项安全风险辨识评估结果应用于指导编制或修订完善作业规程、操作规程等；

启封密闭、排放瓦斯、反风演习等高危作业前的专项安全风险辨识评估结果作为编制安全技术措施依据；

本矿发生死亡事故或涉险事故、出现重大事故隐患，全国煤矿发生重特大事故，或者所在省份、所属集团煤矿发生较大事故后，安全风险辨识评估结果应用于指导修订完善设计方案、作业规程、操作规程、安全技术措施等技术文件。

12. 安全风险清单怎么应用？

❓ 问题描述

当前时期，很多生产经营单位都建设了安全风险分级管控和隐患排查治理信息化系统，对于风险清单怎么应用问题不同人有不同的看法。有人认为，信息系统里有风险辨识记录和风险辨识清单就已足够，至于风险管控活动执不执行都无所谓，在检查时仍采取原有的方式直接查找现场隐患，再去印证风险管控落实是否到位;也有人认为,风险数据库内容很全面,数量也很多,在管控风险时逐条确认非常占用时间和精力,造成不必要的资源浪费,但又苦于没有办法解决,因此认为风险管控形式大于实际,还是隐患排查实用。

📝 *问题辨析*

（1）双重预防机制的内涵

双重预防机制采取的是用风险分级管控和隐患排查治理两个手段预防事故,风险分级管控是源头治理,推动安全关口前移;隐患排查治理则是对风险分级管控效果的检验和补充,是第二道安全关口。如果在双重预防机制执行过程中,仍采取原来隐患排查治理的模式,则第一道关口风险分级管控就失去了意义,事故预防起来就比较被动。

（2）风险管控——风险清单的应用

一般风险管控基本采用对风险管控措施的落实情况和效果确认的形式进行,如管控效果差或管控不到位,则应进行隐患治理。因此,风险管控的本质是对管控措施的管控。企业管理层应关注企业风险管控重点,作业活动风险更多由区队（车间）、班组去管控。每个岗位要根据风险辨识结果明确各自"安全风险管控责任清单"。在面对具体场景时,应从安全风险管控责任清单中选择适用的部分进行管控。

在现场管控期间,针对一条待管控的风险,查看管控措施检查项目,根据现场实际情况,判别应该查哪几项管控措施,这样不仅提高了检查针对性,还提高了检查效率。除了前述日常风险管控工作,企业在对重大风险等制定新的管控方案或定期根据分析结果完善风险管控措施时,风险管控的工作是根据责任落实情况督促新方案、措施按时、按要求完成,确保安全风险管控水平得到根本提升。一旦相关方案措施计划完成,则转入日常风险管控。

❓ *问题举例*

这里以某煤矿集团公司检查该煤矿掘进工作面水灾风险为例进行说明。某集团公司开展三季度矿井安全大检查,检查人员到矿以后分地面组和井下现场组开展排查。其中一组检查人员到达了该矿掘进工作面,检查水灾风险管控措施现场落实情况。风险清单内容里有以下几项管控措施,见表3-5。

表 3-5　水灾风险管控措施列表

序号	检查项目	管控措施
一	防治水部门和人员配备	1. 配备防治水副总工程师,设置防治水机构,配备 2 名专职防治水技术人员。 2. 配齐专用探放水设备,建立专门的探放水作业队伍
二	地质保障要求	1. 煤巷或半煤巷施工作业时必须同时使用物探和钻探两种探放水手段,相互验证,查清工作面周围的水害隐患。 2. 地测部 2020 年 12 月底结合矿井水文地质资料,全面分析水害隐患,编制水害分析预测表及水害分析预测图。 3. 每月月底地测部根据采掘进度,对水害分析预测表和水害分析预测图进行检查,不断补充和修正图表,接近水害威胁区域时及时下发水害预报通知单。 4. 在接近采空区积水区域时,地测部根据《煤矿防治水细则》相关规定,提前编制探放水设计,探放队根据探放水设计编制探放水措施,按设计进行探放水。 5. 地测部下发探放水工作业务联系单,装备部依据业务联系单编制排水系统设计,满足探放水最大涌水量需求
三	排水设施要完好可靠	1. 依据排水系统设计完善排水系统,定期清理水沟,确保排水线路畅通; 2. 定期清理采区水仓淤泥,确保排水设施正常
四	教育培训	作业人员每年接受一次防治水专项培训,每班作业前进行水害安全确认

可以看到,管控措施第一项、第四项是地面检查内容,第二项第 4 条和第三项措施是需要现场检查的,因此井下组检查人员只需现场查看第二项第 4 条和第三项管控措施是否落实到位即可,无需全部确认。

13. 企业风险清单修改完善应该采取哪些措施?

❓ 问题描述

企业在建立了风险清单后,还需要不断修改完善以适应企业的实际需要,那么企业风险清单修改完善应该采取哪些措施?

❓ 问题辨析

经过年度辨识并审查形成的风险清单已经符合安全生产的实际,但并不意味着风险清单不需要进行修改完善。主要原因有:很多企业风险辨识后,制定的管控措施数量往往在几千条,如此庞大数量的管控措施,保证一条也没有错误是不现实的。因此在使用过程中,对于新发现的风险清单中存在的错误,应予以不断纠错;企业生产条件不断发生变化,技术、机器设备等也不断升级,这些都使得原有的风险辨识风险清单和实际情况有所脱节,因此也需要不断完善,对现有的数据进行增删。

在风险清单形成后,仍然需要对风险清单进行动态维护,一般需采取以下几方面的措施:

（1）建立风险清单更新制度

风险清单随着生产的变化而有所不同,因此需要每年进行年度风险辨识。根据每年的年度辨识结果,对现有的风险清单进行更新,以保持基础数据始终处于可用状态。一个完整、科学的制度,是保证风险清单更新持续可靠的基础。

（2）明确风险清单更新责任人员

在风险清单更新中,一般会明确定义风险清单更新所涉及的部门和人员,以及每个部门、人员的责任。具体风险清单的更新责任可以分成提交和审核两个阶段,分别交给不同的部门。风险清单更新流程与辨识数据的流程类似,都从各科室或区队开始,完成后,由安监部门进行审核,通过后替换现有的风险清单。

（3）建立依据专项辨识结果完善风险清单的制度和流程

专项辨识根据实际工作中遇到的具体问题进行辨识,并纳入管控。因此,要建立将专项辨识结果与现有风险清单融合的制度和流程。一般是谁负责辨识,谁负责数据录入,然后统一由安监部门审核。

[?] *问题举例*

L煤矿于××年年初形成风险清单,在××年实际工作中,存在管控措施与实际工作不符合的情况,安监部门根据各单位反馈的意见对风险管控措施进行了修改并更新,同时存在应用新设备情况,机电副矿长组织相关人员对应用的新设备进行了专项辨识,交由安监部门统一审核后更新风险清单。

14. 如何实现风险数据库的持续优化?

[?] *问题描述*

风险数据库是双重预防机制运行的基础,也是企业实现系统化安全管理的基础,对安全风险分级管控、隐患排查治理以及后续风险预警、决策分析、安全绩效考核都起到决定性作用。通过前期的建设企业已经建立了各自的风险数据库,但可能或多或少地存在着一些问题,如辨识不全面、管控措施制定不合理等,同时风险也会随着企业和外部环境的变化而不断变化,因此如何实现风险数据库的持续优化成为企业面临的巨大挑战。

　　❓ *问题辨析*

　　经过企业制定的风险数据库符合安全生产的实际,但并不意味着风险数据库不需要进行修改完善。很多企业风险辨识后,制定的管控措施数量往往在几千条到一万几千条之间。如此庞大数量的管控措施,保证一条也没有错误是不现实的。因此在使用过程中,对于新发现的风险数据库中存在的错误,应予以不断纠错。

　　企业生产条件不断发生变化,技术、机器设备等也不断升级,这些都使得原有的风险辨识数据库和实际情况有所脱节,因此也需要不断完善,对现有的数据进行增删。正是因为在风险辨识结果审核后仍然需要对风险数据库进行动态维护(风险数据库随着生产的变化而有所不同),因此首先企业应建立风险数据库更新制度,每年进行年度风险辨识。企业需要根据每年的年度辨识结果,对现有的风险数据库进行更新,以保持基础数据始终处于可用状态。一个完整、科学的制度,是保证数据库更新持续可靠的基础。其次,明确风险数据库更新责任人员,在数据库更新制度中,一般会明确定义数据库更新所涉及的部门和人员,以及每个部门、人员的责任。再次是规范风险数据更新流程,数据库更新流程与初始辨识数据的流程类似,审核通过后替换现有的风险数据库。最后建立依据专项辨识结果完善风险数据库的制度和流程,如煤矿企业风险辨识分为年度辨识和专项辨识。专项辨识根据实际工作中遇到的具体问题进行辨识,并纳入管控。因此,要建立将专项辨识结果与现有风险数据库融合的制度和流程。风险数据库建设是一个动态的过程,在数据库的使用过程中还可以不断修改、完善。生产、安全管理工作结合成紧密的有机整体。

　　对于风险数据库的持续优化主要从三个方面开展:

　　一是确保数据质量、严把数据入口。规范数据采集和审核流程,在数据采集环节,重点强化风险辨识人员对风险辨识的全面性以及评估的准确性,严把数据入口关;在数据审核阶段,加大审核力度,提高审核人员专业素养,按照"谁审核,谁负责"的原则,明确数据质量责任主体。

　　二是实现风险数据库的动态管理。随着企业工艺的发展、设备的更新、环境的变化,风险数据也会随之产生变化。原有的老的不适应新工作情况的风险数据应进行更改或删除,而随着新设备的引入、新的作业活动、新的工作环境而产生的风险,需要重新进行辨识,录入风险数据库中,风险数据库中数据的不断更迭、完善,需要管理人员对数据库进行动态管理。

三是建立风险基础数据库。结合法律法规、规程等资料开展集中风险辨识,将企业可能面临的风险及相应管控措施提前制定好,形成企业风险基础数据库,利用基础数据库辅助、规范后续风险辨识工作,在大大降低后续辨识人员工作量的同时提高风险辨识质量。如有上级集团公司的话,建议由集团公司统一组织开展集团风险基础数据库建设工作,各企业在集团基础数据库的基础上进行个性化调整。统一集团风险数据库建设标准,便于集团后续管理、分析。

❓ 问题举例

以 A 煤矿风险数据库持续优化为例说明:

(1) 制定了安全风险辨识工作制度,规定了风险辨识评估工作的责任分工、辨识工作流程、风险辨识方法、风险评估方法以及辨识评估结果审查流程。

(2) 按照《煤矿安全生产标准化管理体系基本要求及评分方法(试行)》要求,根据煤矿变化情况开展专项风险辨识,包含新水平、新采(盘)区、新工作面设计前,生产系统、生产工艺、主要设施设备、重大灾害因素等发生重大变化时等,确保风险数据库与煤矿现状保持一致。

(3) 制定风险基础数据库,并通过信息化手段辅助开展风险辨识工作(图 3-2)。

图 3-2 风险基础数据库辅助辨识页面

第四章
风险分级管控

1. 风险分级管控基本目的与要求是什么?

? *问题描述*

　　2015 年底,习近平总书记在中央政治局常务会议上提出:要在易发重特大事故的行业领域,建立起安全风险分级管控和事故隐患排查治理双重预防性工作机制,推动安全管理关口进一步前移。随后,各高危行业根据各自行业特点进行了双重预防机制理论与实践研究。安全风险分级管控是一种对风险超前管控的思想,通过工作前识别工作过程中存在或潜在的风险,制定并执行预控措施,预防事故隐患的出现,因此安全风险分级管控体现了超前防范,使企业安全管理的关口得到进一步的前移。但是在建立安全风险分级管控和事故隐患排查治理双重预防性工作机制过程中还有许多企业未能认识到安全风险分级管控的基本目的与要求是什么。

? *问题辨析*

　　(1) 风险分级管控的基本目的

　　建立企业安全风险分级管控的基本目的就是弘扬"生命至上、安全第一"的思想,坚持关口前移、预防为主,推动企业安全生产从治标为主向标本兼治、重在治本转变,从事后调查处理向事前预防、源头治理转变,从传统安全管理方式向信息化管理方式转变,以系统化推动程序化,以程序化推动标准化,以标准化推动企业达到和保持在一定的安全技术条件,全员参与、全过程参与,分级管控,信息化预警,责任考核,进而避免不可承受的风险,全面提高企业安全生产防控能力和水平,实现企业的安全生产。因此,企业安全风险分级管控管理体系是一套从理念到实践,从宏观到微观的全面整体的管理策略。

（2）风险分级管控的基本要求

风险分级管控的基本要求如下:

① 组织有力、制度保障

企业应建立由主要负责人牵头的风险分级管控组织机构,应建立能够保障风险分级管控体系全过程有效运行的管理制度。

② 全员参与、分级负责

企业从基层操作人员到最高管理者,均应参与风险辨识、分析、评价和管控;企业应根据风险级别,确定落实管控措施责任单位的层级;风险分级管控以确保风险管控措施持续有效为工作目标。

③ 自主建设、持续改进

企业应依据本行业领域同类型企业实施指南,建设符合本企业实际的风险分级管控体系。企业应自主完成风险分级管控体系的制度设计、文件编制、组织实施和持续改进,独立进行危险源辨识、风险分析、风险信息整理等相关具体工作。

④ 系统规范、融合深化

企业风险分级管控体系应与企业现行安全管理体系紧密结合,应在企业安全生产标准化、职业健康安全管理体系等安全管理体系的基础上,进一步深化风险分级管控,形成一体化的安全管理体系,使风险分级管控贯彻于生产经营活动全过程。

⑤ 注重实际、强化过程

企业应根据自身实际,强化过程管理,制定风险管控体系配套制度,确保体系建设的实效性和实用性。安全管理基础比较薄弱的小微企业,应找准关键风险点,合理确定管控层级,完善控制措施,确保重大风险得到有效管控。

⑥ 激励约束、重在落实

企业应建立完善的风险管控目标责任考核制度,形成激励先进、约束落后的工作机制。应按照"全员、全过程、全方位"的原则,明确每一个岗位辨识分析风险、落实风险控制措施的责任,并通过评审、更新,不断完善风险分级管控体系。

2. 风险分级管控的基本流程与逻辑是什么?

？ 问题描述

风险分级管控是双重预防机制的核心要素之一。做好风险分级管控是防范重大事故发生的第一道关口,但目前在安全管理工作一线还是存在部分安全管理工作人员搞不清风险分级管控的基本流程及逻辑,这导致在开展安全管理工作时容易出现流程错误或执行不到位的情况。

？ 问题辨析

风险分级管控管理遵循安全管理的一般性程序,覆盖了从风险辨识开始到风险受控为止的全过程,基本流程如图 4-1 所示。

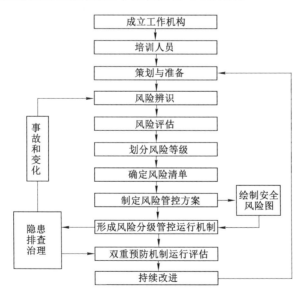

图 4-1 风险分级管控基本流程

（1）风险辨识

风险辨识必须以科学的方法，全面、详细地剖析生产系统，确定危险因素存在的部位、存在的方式、事故发生的途径及其变化规律，并予以准确描述。风险辨识的目的是明确管理的范围，只有对风险进行全面、系统的辨识，才能做到安全管理无遗漏。岗位风险辨识可以让员工自主辨识自身岗位风险，增强个体防范意识，让每个员工真正掌握自己身边风险的分布情况，做到心中有数，应对有策。风险辨识主要包括确认风险辨识模板和规范、确定风险辨识具体方法、风险辨识人员的选取与培训、风险辨识结果的审核、风险辨识结果的再辨识与发布。

（2）风险评估、划分风险等级、确定风险清单

风险评估是在风险辨识的基础上，通过确定风险导致事故的条件、事故发生的可能性和事故后果严重程度，进而确定风险大小和等级的过程。通过评估对风险进行排序，分清轻重缓急，帮助企业在危险源辨识的基础上，借助可量化的技术，明确安全管理的重点。风险评估有多种方法，可根据系统的复杂程度，选用定性、定量和半定量的评价方法。

企业可根据自身实际情况，选择适用的风险评估方法，然后根据统一标准对风险进行有效分级。风险清单（风险数据库）应至少包括风险名称、风险位置、风险类型、风险等级、管控主体、管控措施等内容。

（3）绘制安全风险图

企业应根据风险类别和等级，确定安全风险清单，制定安全风险管控措施，建立风险数据库，至少绘制四色安全风险空间分布图与作业安全风险比较图两张安全风险图。

（4）研究制定风险分级管控方案

企业应研究和制定相应的风险管控标准和措施，防止危险源转变成为隐患，通过安全技术应用预防隐患产生。制定风险管控标准可以明确管理的依据；制定管理措施可以明确管理的途径。在通过风险评估明确了管理重点之后，需要对管理对象进行管控，究竟需要管控到什么程度，达到什么条件等问题，这就需要制定风险控制标准。通过哪些手段可以达到这些标准的要求，那就需要制定管控措施。企业应遵循"分类、分级、分层、分专业、分区域"的方法，按照风险分级管控基本原则，根据风险评估的结果，针对安全风险特点，从组织、制度、技术、应急等方面对安全风险进行有效管控。

（5）形成风险分级管控运行机制

企业应建立安全风险分级管控工作制度,制定工作方案,明确安全风险分级管控原则和责任主体,分别落实领导层、管理层、员工层的风险管控职责和风险管控清单,分类别、分专业明确部门、车间、班组、岗位的安全风险管理措施。企业应建立完善安全风险公告制度,并加强风险教育和技能培训,确保管理层和每名员工都掌握安全风险的基本情况及防范、应急措施。企业应对重大风险重点管控,制定有效的管理控制措施。企业应根据自身组织机构特点,按照分级管控要求,做到事故应急的机构、编制、人员、经费、装备"五落实"。企业应建立风险管控信息系统,健全配套制度,提高风险管控信息化水平。

(6)风险动态管理

企业要高度关注运营状况和危险源变化后的风险状况,动态评估、调整风险等级和管控措施,确保安全风险始终处于受控范围内。要定期组织对风险分级管控机制运行情况进行评估,及时修正发现问题和偏差,不断循环往复,促进和提高双重预防机制的实效性。

3. 控制风险的方法有哪些?

❓ *问题描述*

一些企业在对风险制定管控措施时,没有清晰的概念,对措施制定得不合理,管控效果不佳。

❓ *问题辨析*

一般来说,对于风险的处理步骤是辨识风险—评估风险—控制风险—安全的作业场所,很多企业在辨识和评估工作完成后,制定的措施并不合理,管控起来做了很多工作但效果甚微。风险的管控方法可以视风险的性质来定,可以分为容忍、转移、处理和消除四种方法。

容忍的方法主要针对发生的可能性很低,而且一旦发生,其后果也是十分轻微的风险。一般将其定义为可容忍的风险,但这并不表明企业就可以忽视它的存在,它也需要管理,只是它不是企业需要优先处理的风险,只要足够关注即可。

转移的方法主要针对发生的可能性很低,但一旦发生其后果非常严重的风险。针对这种风险,企业可以选择转移的方法。最常见的转移就是保险,比如,针对火灾、偷窃、爆炸等风险,为减少或降低风险,可以就财产进行保险,一旦事故发生,风险将一定限度地转移到保险公司身上。

处理的方法主要针对发生的可能性一般,后果也一般的风险。这是人们最容易忽视的风险。调查显示,80％的事故都由此类风险而致,因此必须认真处理,这种处理应是一种系统的方法。

消除的方法主要针对可能性很高,而且一旦发生其后果非常严重的风险。这是针对不能容忍的风险,必须消除它。通常有两种方式:第一种是通过停止活动或流程来消除;第二种是通过工程改造等手段,彻底根除存在的危险有害因素及其风险。

[?] *问题举例*

某金属冶炼企业,在风险辨识过程中对水淬池进行辨识,确定风险等级,确定可能发生的事故类型为淹溺,针对该风险,该企业制定的风险管控措施为:

(1)水池周围严禁闲杂人员逗留;

(2)护栏完好,高不低于1.5 m,标识、警示、照明完好;

(3)清理积渣时系好安全带,防止闪脱掉入渣池。

之后便对“淹溺”的风险按以上措施进行管控。某日一名工人在开启冲渣水泵时不慎跌入管道被水流冲入水池淹溺身亡,该案例是典型的管控方法不合理,采用“处理”的管控方法却未进行系统性处理,仅关注水池本身的风险却未考虑与水池相关联的风险,导致事故的发生。

4. 风险管控如何落实?

[?] *问题描述*

风险管控是实现“源头治理、关口前移”风险管理过程中的关键一环,在生产经营单位已开展安全风险辨识评估、制定管控措施的前提下,有人认为风险管控就是要到现场检查管控措施是否落实到位,否则风险就失控了。

[?] *问题辨析*

以上理解是错误的,混淆了管控措施落实和管控措施落实情况排查是双重预防机制运行过程中的两个不同阶段。双重预防机制建设和运行遵循PDCA循环,在策划阶段,企业对双重预防机制建设进行整体规划,制定实施方案;在实施阶段,企业按照实施方案要求对本单位风险点进行划分,开展风险辨识评估,从工程技术、管理、教育培训、应急处置、个体防护等方面制定管控措施,对安全风险采取分级分类管控。具体办法是,企业各单位、各层级人员对照各自业务范围,划分属于本单位责任(分管)区域、本专业、本系统的安全风险,确保安全风险管控有对应的责任单位和责任人员,在日常工作中需要落实管控措施,使安全风险始终处于受控状态。

企业在生产经营过程中安全风险不是一成不变的,这需要企业管理者组织安排各级人员开展定期集中检查和日常隐患排查,检验工作现场安全风险是否有变化,变化后的风险是否受控,现场是否有隐患存在？这个环节处于双重预防机制 PDCA 循环中的检查阶段,是查验风险管控效果和排查治理隐患,把安全事故遏制在萌芽状态的关键环节。在此阶段,安全风险分级管控重点涉及的是排查、确认安全风险各项管控措施是否落实到位、管控效果是否满足要求;否则,就需要采取治理措施消除隐患,确保风险处于受控状态。

在改进阶段,企业通过分析评审风险管控效果、追溯隐患产生原因,根据现场检查情况更新企业安全风险清单,更新内容包括:新增风险补充辨识,原有风险管控措施调整、完善。企业还应定期对双重预防机制在本单位运行效果进行评审,分析存在的问题和不足,调整体制机制不断进行完善。

❓ *问题举例*

以某机械加工制造工厂为例,车间维修人员每日进行电动葫芦维保工作,这对电动葫芦安全运行有保障,属于落实安全风险管控措施工作。工厂安检员李某负责厂内设备设施巡查工作。工厂为检查人员配备了移动巡检App,其中风险管控部分可查看工厂各区域内安全风险清单。安检员李某这天持手机来到车间检查,当检查到电动葫芦时,李某打开电动葫芦风险清单逐条确认风险管控措施:

第一条为:检查项目"钢丝绳",标准为"钢丝绳完好,无断股",危险因素为"钢丝绳存在断股、扭结、绳径减小的问题",可能造成的后果为"钢丝绳断裂伤人",管控措施为"每天检查、维护保养,更换有问题的钢丝绳",经核查,此条风险管控措施有效,安检员操作手机,点击措施下方的"通过"按钮。

第二条为:检查项为"电源线路",标准为"电源线无破损漏电",危险和有害因素为"电源线破损",可能造成的后果为"人员触电",管控措施为"定期检查电源线路,保证完好性",经核查,此条风险措施有效,安检员操作手机,点击措施下方的"通过"按钮。

第三条为：检查项为"安全联锁"，标准为"限位可靠、联锁正常"，危险和有害因素为"限位装置失效"，可能造成的后果为"起重伤害"。经检查电动葫芦限位装置失效，点击措施下方的"不通过"按钮，页面自动跳转到隐患录入界面，录入隐患信息，录入的信息包含"整改时间、整改责任人、整改措施、整改资金、整改目标、复查信息"等内容。

通过电动葫芦检查环节可发现风险管控措施落实不到位的情况，验证了风险管控效果，从而提前发现隐患并进行治理，防范事故发生。

5. 岗位风险管控清单在工作中的作用是什么？如何使用？

? 问题描述

一些企业认为风险辨识评估后，按照分级原则制定的部门和岗位风险管控清单和以前的岗位作业风险卡、安全生产责任清单等一样，因此可以在原有基础上简单完善一下即可，其主要作用也就是培训，没有什么太大的作用。

? 问题辨析

风险管控清单是在风险辨识完成后，按专业、层级分配的管控依据，明确了各部门、岗位的安全风险管控职责。在岗位层面，很多企业在制作风险管控清单时，借鉴了类似原岗位作业风险卡等的制作模式，调整了卡片的内容；在原有部门和岗位安全生产责任制基础上，增加部分关于风险的描述。事实上，风险管控清单存在的目的是夯实职责，确保每一项风险管控措施都有人负责，通过责任落实，减少隐患出现的可能。也就是说，对风险管控清单上的内容按要求进行管控是部门和岗位的职责，而不是需要注意的地方。这点与之前的岗位作业风险卡、安全生产责任制等内容有重要的区别，一些企业没有深入了解这个问题，将风险管控清单依然等同于之前的岗位作业风险卡、安全生产责任制要求，并将其视为本企业已经开展了部分双重预防机制建设工作的证明。

企业各部门、岗位根据公司双重预防机制相关制度，对照自身风险管控清单，开展对责任范围内风险的管控工作，并根据需要进行留痕和记录。这些风险管控记录是企业判定各风险点风险大小的重要基础数据，也是隐患出现后判定隐患出现时间、责任等的重要依据。一些涉危企业，尤其要重视与重大风险相关的主要管控措施落实情况的管控责任，有效掌握安全工作的主动权,避免之前以隐患闭环管理为主的传统安全管理模式。

无论是卡片或是单据模式的风险管控清单,其基本要求是在现场能够有效落实。如果在现场缺乏可操作性,也会失去风险管控清单制定的意义。

[?] *问题举例*

某公司在开展年度风险辨识后,制定、下发了各部门、岗位的风险管控清单,后续检查时经常要求大家学习、复述自己的风险管控清单,将其视为落实管控责任的主要方法。在很多企业的"安全风险分级管控"制度建设中,制作岗位安全风险管控清单就是最后一步的工作,后续就是彼此独立的"隐患排查治理"流程。这里至少存在两个方面的问题:

第一,风险分级管控和隐患排查治理是一个一体化的工作,不能形成相互独立的两张皮;

第二,风险管控清单固然可以用来进行培训,但其更重要的是要落实在各部门、岗位的日常管理工作中,而不是仅仅停留在口头上。

另外,在实践中还存在有些公司刚开始双重预防机制还能够运行,但随着时间推移,慢慢停滞,最终成为形式主义。这其中可能存在的原因比较多,但风险管控清单与实际情况不符往往是一个重要的原因。很多企业的风险和管控措施都是随着时间而不断变化的,这就要求风险管控清单要对应进行变化,才能确保管控要求与实际情况吻合,才具有可操作性。编制有效、可操作、可动态调整的安全风险管控清单是安全风险分级管控在日常工作中落地的基础,需要引起企业的足够重视。

6. 基层员工如何开展风险防控?

[?] *问题描述*

在企业实际安全管理过程中,很多基层员工认为安全双重预防管理是企业管理层的事情,和基层生产一线的员工没有太大关系,只需要做好本职工作就好了,双重预防管理的工作交给管理人员去做就行了。那么,基层员工是否要参与企业的安全双重预防管理工作? 如果参与,他们需要做好哪些工作? 企业需要做好哪些工作?

[?] *问题辨析*

首先,对于基层员工不需要参与企业安全双重预防工作的认识是错误的。双重预防机制要求将风险管控进一步细化到岗位,建立面向管理层、技术层和操作层各负其责的管理体系。所以,双重预防机制要求全员覆盖、全员参与,当然也离不开基层员工的共同努力。从企业安全管理的角度出发,需要做好以下几方面的工作:

（1）制定作业流程标准

在进行岗前风险防控之前,首要的工作是根据不同岗位,制定针对性的作业流程标准,绘制作业流程图,同时建立作业流程标准数据库,为员工岗位作业过程中实现流程化管理、标准化作业打下坚实的基础。

（2）建立管理机制及考核制度

做好岗前作业风险防控的关键因素就是实现岗位达标,作业中要严格按照要求辨识管控岗位作业风险、排查治理作业过程隐患,进一步规范管理员工岗位操作。各企业必须建立相应的管理机制及考核制度,明确岗位安全生产责任制的具体要求,加强考核管理,确保岗位达标落地有效。

（3）加强岗前教育培训,超前防控风险

有效实施岗前风险防控的重要前提就是确保岗位员工熟知岗位风险知识和操作技能,掌握作业条件和作业变化,推动员工逐渐养成在岗按流程标准化作业的习惯。专业知识的学习不会一蹴而就,好的作业习惯不是一天养成的,必须依靠企业足够的岗前教育培训。通过培训,有效地提高员工综合素质,达到减少零打碎敲事故的目的。

[?] *问题举例*

下面以某企业生活水处理站基层操作工的风险防控为例,说明岗前风险防控的基本步骤。

该名操作工所处岗位的工艺流程为:生活废水进入预沉淀池调节池进行预沉处理—启动提升泵—将调节池的废水泵入一体化净水器—开启二次提升泵将处理水提升至过滤器进行过滤处理—开启 PAC、PAM 加药装置—经过滤器处理的水加入 NACLO 流入清水池—回收再利用。

依据作业流程绘制岗位作业流程图(图 4-2)。

根据本岗位职责,结合作业流程要求,明确该操作工的具体岗位责任如下:

（1）操作人员必须经过技术培训和考试合格持证后方可上岗。

（2）启动设备应该首先对设备、水位、管路进行检查,在做好准备启动工作后,方可启动。

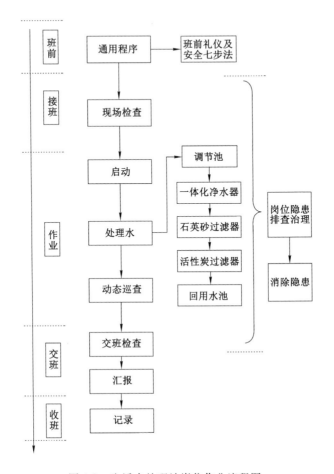

图 4-2　生活水处理站岗位作业流程图

（3）设备运行时，应经常巡视，发现运行情况有异常及时解决，如不能独自解决，及时通知相关人员协助维修。

（4）工作时认真操作，不干与工作无关的事情，根据生产废水情况，调整污水处理系统，做好设备运行记录和交接班记录，当班操作工必须认真仔细填写各种数据，以及设备的开、停和故障处理时间及处理结果。

经提前辨识，本岗位作业需管控的风险共 3 条，制作本岗位的岗位风险辨识管控清单，见表 4-1。

最后，根据辨识出的风险清单，进行岗前风险确认，确保岗位风险安全可控，方可作业。企业也可根据情况，制作相应的岗位风险告知卡或牌板协同管理。

表 4-1　岗位风险辨识管控清单

序号	危险源	风险类型	风险描述	风险等级	管控措施
1	水处理作业	触电	操作人员在维修和操作过程中因操作不当发生触电	较大风险	处理故障或接线时,要把手柄打到分闸位置并闭锁,悬挂"有人工作、严禁送电"警示牌,并严格执行验、放电制度,严格执行"谁停电、谁送电"
2	水处理作业	中毒或窒息	操作人员在矿井水处理厂日常操作中还应注意有毒有害气体	较大风险	严格执行污水厂加药制度
3	水处理作业	火灾	操作人员应该预防因电源老化、雷击、电器使用不当、使用明火作业及其他不安全行为时导致发生火灾	较大风险	必须对消防设施班班检查,发现失效、不合格产品立即更换,带班班长定期检查消防设施,发现失效未更换,要立即更换并对主要责任人进行相应处罚

7. 风险如何实现动态管理?

💬 *问题描述*

很多企业将风险静态化,把经过年度辨识后制作的风险清单固化,风险的等级也长时间没有经过调整,更没有在现场进行有针对性的管控。这种情况导致很多企业的风险管控没有取得实效,在现场没有发挥指导作用。甚至出现在一些实际风险增大的区域依然按照原来风险比较低的等级来管理,导致风险失控;在一些重大风险区域经过实施管控后,风险得到有效控制或消减,而风险等级没有下调,导致人力资源的浪费和管理效率的下降。

💬 *问题辨析*

出现上述情况的原因是没有认清风险的本质,存在理解上的偏差。

首先,风险不是一成不变的,是有时间维度的,需要通过具体的数值来衡量。风险值的评估通常采用半定量的方法,但是不管采用哪种计算方法,风险值都会随着外界条件的变化而发生改变,不同阶段的风险由于被管控的程度不同,展现出的风险值也不一样。所以,对于风险的管控要结合实际情况,动态地判断风险值的大小,实现风险的动态管理。

（1）风险数据库的动态更新

通过年度辨识和专项辨识后形成的企业风险清单需要动态维护、及时更新,确保风险管控的时效性。

依据双重预防机制中持续改进的管理要求,企业每季度至少需要开展一次风险分析总结会议,对风险辨识的全面性、管控的有效性进行总结分析,并结合国家、省（市）、县或主体企业出台或修订的法律、法规、政策、规定和办法,补充辨识新风险、完善相应的风险管控措施,更新安全风险管控清单,并在该月度分析总结报告中予以体现。对风险的分析总结应包括:

① 有风险管控措施,现场未落实;

② 风险管控措施已落实,但没有达到管控要求;

③ 风险辨识不全面或未制定管控措施。

（2）管控层级的动态调整

风险清单根据现场情况的变化调整后,其风险等级需要重新评定,与之相对应的管控层级也要进行调整。低风险由于作业条件或环境的变化,经重新评估后,成为较大风险,应上调风险管控层级,由岗位工人管控调整为相应专业的分管负责人来管控。同样,因管控得力风险等级下调后,相应的管控层级也可下调。

（3）作业现场的动态管控

风险辨识完成后,很多企业束之高阁,认为风险管控任务已经完成,没有在现场形成有效管控。

作业现场的风险管控可以分为定期管控和动态管控,定期管控是指企业每月组织的月度、半月度检查,以及职能科室和作业班组的日常检查,除此之外,为了确保风险的安全可控,还应该采用组织监管部门突击检查、主要负责人到现场检查等多种形式的风险动态管理方式。

❓ *问题举例*

举例一:

某企业按照双重预防机制运行相关要求,制定了本企业双重预防工作制度,编写了年度辨识评估报告,制作了风险清单,每天上班时间组织定期或不定期的隐患排查,并建立了隐患排查台账。上级检查时,被告知仅有隐患排查记录,没有风险管控痕迹,视作未建立双重预防机制。

之所以出现此种情况,是因为该企业并没有理解双重预防机制的内涵,片面地认为只要建立了相关的制度和清单就可以了。该企业仅仅只有隐患排查的流程,却忽视了风险的分级管控和动态管控,没有依据风险辨识清单对现场实时有效地风险管控,没有对风险清单进行动态更新,更加没有在现场组织有效的风险动态管理。因此,风险的有效管控不应该只流于形式,而是应该与现场实际情况相结合,动态地去管控风险。

举例二:

某企业按地方要求,制作了风险清单,包含较大、一般、低风险。在某次上级检查时,检查人员非常明确地说:"你们企业怎么可能会没有重大风险呢?"于是企业按检查人员要求,重新评估风险,判定出了重大风险。

在迎接另外一次检查时,一位检查人员见到了红橙黄蓝四色安全风险空间分布图,指着几个红色区域又是非常明确地问:"你们企业怎么能存在重大风险呢? 存在重大风险怎么能生产呢?"尽管企业工作人员解释这是判定的风险,实际上风险已经得到了有效管控。最后企业工作人员打电话咨询:"我们究竟该怎么做?"

为什么在同一个企业,会出现这两种看似完全相反的关于风险的看法呢? 两种看法谁对谁错? 该如何解决?

其实,以上两种看法都是错误的。主要原因是概念的混淆和对安全风险的错误认识。首先,该企业在没有对重大风险进行有效治理前,应该判定为重大风险区域,在企业实施有效的管理措施后,风险出现消减或等级降低,经重新评估后,该区域的风险等级应该下调,而不能固化地认为该区域的重大风险始终存在。同样,重大风险并不等同于重大隐患,在经过采取有效的管控措施后,不但能实现正常生产,而且风险等级也应相应下调。

8. 双重预防机制是靠管控动态风险遏制事故的吗?

❓ 问题描述

风险是事件发生可能性和后果严重性的综合,而这两方面因素都会随着时间不断变化,因此,一些人认为风险是动态的。风险既然是动态的,那就应及时监控风险的动态变化情况,及时评估风险的实际变化数值,在风险数值上升到不可接受范围前,采取措施使其恢复到受控状态,避免风险失控变成隐患。一些人认为这是双重预防机制遏制事故的关键,因此强调只有对风险进行动态管控才能实现超前管控,才是真正建立、运行双重预防机制。但实际中,如何做到风险动态评估、管控难度又非常大,感觉缺乏有效的落地方法,于是认为双重预防机制是一个好的方法,但在实际中没法应用,当前很多企业做的都是皮毛,不是真正的双重预防机制。据此,有些人得出结论认为:建设双重预防机制,要么只能是一个形式主义,要么只能等技术条件成熟后才能实现,现在在各个企业中开展双重预防机制建设意义不大。

❓ *问题辨析*

管控风险的方法有两种思路:第一,及时关注风险的变化情况,当其一旦超出我们的预期,则立即采取措施进行管控,避免隐患发生,使风险始终处于受控状态。第二,提前辨识出所有风险,根据风险的重要性(即风险评估结果)和专业,明确所有部门、人员的管控职责。通过夯实职责,确保所有风险都"有人管",能够得到有效管控,从而避免隐患发生。

这两种思路,第一种建立在对动态风险的管控上,侧重于技术方法;第二种则建立在对静态风险的管控上,侧重于管理方法。第一种方法需要通过管理或技术的方法,缩短对与安全有关各要素属性数值测量、感应、评估的时间间隔,实现对风险的"动态"管控。动态风险是在现有管控措施和外部环境条件下,某个风险的大小。显然,动态风险的发生可能性和后果严重性都是在不断变化的,如瓦斯浓度变化、设备温度变化、隐患治理推进、从业人员聚集情况等,因此对其进行动态评估是一件非常重要,也非常不易做好的工作。基于动态风险管控的方法采用纯管理手段实现的成本非常高,可靠性也难以保证,更多需要依赖于技术手段实现对各相关要素数值的监控,然后通过数据分析提高风险管控的准确性。这对于企业的技术装备水平、生产规模、人员素质等都有较高的要求,部分企业难以满足。

第二种方法则通过落实管控责任的方法实现对风险的管控,解决当前较广泛存在的"想不到、管不到、管不住"问题,改变原有安全管理的被动模式,实现对安全管理的超前、主动管控。显然,第二种方法更加易行,对企业技术水平、资金等要求较低,但也更加基础,对于夯实企业安全基石的意义至关重要。第二种方法才是双重预防机制提出的初衷,也是双重预防机制遏制事故的基本逻辑。因此,无论什么企业,都可以,也应该开展双重预防机制建设,通过双重预防机制整合企业各项安全管理方法,形成安全管理的合力,夯实责任,提升安全管理水平。

　　未来,随着企业技术水平、规模、人才的提升和增长,可以在原有双重预防机制基础上,利用技术手段逐步加强对企业主要危险因素的监控,通过对动态风险的监控,不断提升双重预防机制的建设水平。因此,每一个生产经营单位都应该建设、用好双重预防机制。在双重预防机制基本原理之下,每一个生产经营单位可以根据自身条件、特点建设具有自身特色、持续改进的双重预防机制,实现安全管理的个性化和安全治理效能的持续提升。

　　? 问题举例

　　原来很多企业的安全管理主要是由安全员、管理人员和技术人员的安全隐患排查实现。这种安全管理方法简单有效,为我国以往的安全生产做出了巨大的贡献,也产生了显著的成绩,但这种管理方法的不足也是不容忽视的,如:隐患排查的力量分布难以和实际风险分布一致,容易导致某些地方检查多,某些地方检查少;隐患排查质量依赖于检查人员的素质和能力,有时查出来的都是一些小问题,真正的重要隐患却没有发现等。正是为了解决这些问题,双重预防机制在提前想到问题的基础上,将所有管控责任全部分解到各个层级、专业、岗位,使每个人都扛责任,从而掌握安全管理主动权。

　　动态风险是双重预防机制的有机组成部分,但生产经营单位并不一定一开始就要将其纳入自身的双重预防机制之中。双重预防机制建设不是能够毕其功于一役的工作,而是一个不断完善、发展的过程。生产经营单位在建设双重预防机制时,可以根据自身的实际情况,先建设以静态风险管控为核心的双重预防机制,然后再随着自身智能化建设的推进,逐步提升双重预防机制建设水平。

9. 为什么在风险管控措施外有些企业还要求制定《重大风险管控方案》?

　　? 问题描述

　　随着双重预防机制建设的不断深入,一些企业在风险辨识后,除了要求编制管控措施外,还提出要求制定《重大风险管控方案》。这个管控方案和管控措施似乎难以区分,感觉工作重复。

重大风险是生产经营单位安全管理的重点,也是最可能发生严重事故的地方。双重预防机制在提出后的前期实践中,一般认为只要按照各法律法规、规章制度、标准等的要求,对重大风险制定完善的管控措施,确保其在生产过程中保持受控状态即可。这种模式也符合双重预防机制的基础逻辑。

随着理论研究深入和实践经验的不断积累,大家逐渐意识到,这种按照各种规定制定措施,在实际生产工作中通过反复检查措施落实情况的风险管控方式只是诸多风险管控方式的一种,对于某些风险较大、规模庞大的生产经营单位而言,甚至不一定是关键性的措施。一般而言,生产经营单位在年度辨识中制定的风险管控措施都是基于现有技术、工艺、生产条件等制定的,对于有效控制、降低风险往往存在一个下限,难以真正突破、实现安全水平的跨越式发展。如生产经营单位根据自身情况、行业发展趋势、前期安全生产工作总结等,决定升级新的工艺、采用新的设备设施等,彻底解决长期以来的一些重大风险管控短板。这些措施对于重大风险管控有着非常重要的意义,但却不是定期现场检查所能够解决的。其次,在双重预防机制的实践中,一些行业安全监管部门也发现了安全风险管控措施不落地问题,风险分级管控的重要精力都沦为内业工作,与隐患排查治理形成两张皮。基于这两方面的考虑,一些行业、企业在制定风险管控措施的基础上,提出制定《重大安全风险管控方案》。如国家矿山安全监察局在 2020 年的《煤矿安全生产标准化管理体系基本要求及评分方法(试行)》中就明确规定:"年底前完成年度安全风险辨识评估报告的编制,制定《煤矿重大安全风险管控方案》;方案应包含重大安全风险清单,相应的管理、技术、工程等管控措施,以及每条措施落实的人员、技术、时限、资金等内容",而且《煤矿重大安全风险管控方案》要"对下一年度生产计划、灾害预防和处理计划、应急救援预案、安全培训计划、安全费用提取和使用计划等提出意见"。显然,这里的措施不一定是生产经营单位已经采取的措施,甚至也不是短期内能够实现的措施等,只要明确每个措施的各项责任,并在实践中落实这些责任即可视为履行风险管控职责。

推进《重大安全风险管控方案》建设,能够提升各项管控措施编制的可操作性,更加有效推进各项管控措施的实际落地,使风险分级管控不再只是纸面上、墙上的材料和标语等内容。

《重大安全风险管控方案》可以分为两种情况下的三类管控方案：

第一，正常情况下的日常管控工作。在日常安全管理工作中，从主要负责人到基层员工履行各自与重大安全风险管理相关的职责，如主要负责人每月到现场或召开风险管控分析会议等。这类管控工作更多是一种对提前制定好的、静态的管控措施落实状态的检查、确认，一旦发现其落实不到位、与预期状态不符，则立刻通知责任单位和责任人按照隐患进行治理。

第二，出现异常情况，但由于特殊原因难以及时或短时间治理完成，采取临时管控方案。如某些化工企业发现一些管道出现异常，但由于生产特点的限制无法停产更换，则采取临时措施后，提升对应安全风险等级，加强后续安全监管工作等。

第三，根据实际情况和发展战略等考虑，实施相关项目，如新设备、工艺、改造等。《重大安全风险管控方案》中可明确该项目的落实的人员、技术、时限、资金等内容要求，同时制定项目进度跟踪措施等。相关人员包括主要责任人要按照预先的跟踪措施、管控方案要求，定期开展相关的工作，及时协调各方力量，解决出现的各种问题，确保项目能够按时、按质投入使用，切实同时降低相关风险的静态和动态等级、水平。

第五章
隐患排查治理

1. 隐患排查治理的运行机制是什么？

？ *问题描述*

隐患排查治理是双重预防机制的重要组成部分之一。隐患排查治理工作可以说是防止事故发生的最后一道防线，但目前在安全管理工作一线还是存在部分安全管理工作人员搞不清隐患排查治理的基本流程及逻辑，这导致在开展安全管理工作时容易出现流程错误或执行不到位的情况。

？ *问题辨析*

隐患排查治理就是以风险分级管控理念为先导，以隐患排查治理运行机制为核心，从而达到"零隐患"的最高目标，其运行机制如图 5-1 所示。

从图中可以看出，在隐患排查运行机制中，首先，依据危险源辨识与风险评估的结果确定隐患标准，落实隐患排查的岗位责任，结合具体岗位层层分解落实隐患排查责任人，制定和贯彻落实责任制度，做到"有患必有责"。其次，在"全员、全方位、全过程"隐患排查方针指引下，根据危险源辨识结果制定排查计划，积极引导基层员工自我检查、自觉上报、主动发现未知隐患，并通过层级检查监督体系督导协查隐患，监督查处隐患排查中的不检、漏

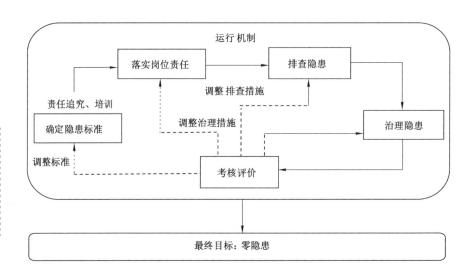

图 5-1　隐患排查治理的运行机制

检、错检行为。再次,对查出的隐患及时反馈、科学评估与制定治理方案,规范操作及时消除隐患,并认真核查、评价排查效果,将排查结果及时汇报给相关部门。最终,通过合理有效的奖惩机制强化落实岗位责任,并根据实际需要调整岗位责任与隐患标准。

隐患排查治理运行机制的准则就是对企业安全隐患的实施全过程的控制,做到隐患辨识和确定隐患标准、落实隐患排查岗位责任、排查隐患、治理隐患、考核评价 5 个环节头尾相接、闭合循环。

（1）确定隐患标准

从企业的人、机、环、管四方面,广泛搜集国家法律法规、行业标准等相关资料,综合运用隐患辨识的方法,如工作任务分析法、事故树分析法对可能存在的隐患进行合理、有效的预测,科学利用安全分析和安全系统评价,对隐患进行定性、定量评估,在评估的基础上分清隐患的类型和性质,提出事故预防措施,确定隐患标准,对隐患进行分类管理。

（2）落实隐患排查岗位责任

根据隐患排查岗位责任要求,制定周密的隐患排查计划,设计科学严密的层级隐患排查体系。层级隐患排查体系可将责任层级分为:矿领导、职能部门、科区、安监处、班组、员工这六个层级。将隐患排查工作按责任层层严细分解,以落实隐患排查岗位直接责任人自查为主,间接责任人协查为辅,通过层级主管部门管理人员督导检查,安全职能部门管理人员监督检查,层层落实,真正做到全员、全方位、全过程的隐患排查。

（3）排查隐患

排查隐患的过程中,以班排查、日排查、周排查、句排查、月排查周期性排查形式,"自检"和"监督检查"相结合的方式,强化现场安全整治。

① 自查隐患

隐患排查工作贯穿整个生产过程,即工作前要排查静态隐患,工作中要解决过程中出现的隐患,工作后要排查遗漏的安全隐患。交接班时,带班区干、班队长要对生产场所进行全面的安全确认、排查隐患,将排查出来的安全隐患告知治理人员,由治理人员按照相应的治理措施进行治理。交接班员工排查各自岗位上的安全隐患,将发现的安全隐患报告班长或跟班人员,班长或跟班人员安排人员处理。工作中,跟班人员和班长通过走动式管理,对生产中产生的安全隐患进行排查,并将排查出来的安全隐患和处理措施向治理人员交代清楚,并监督治理人员及时、安全、有效地处理。员工自觉自查自己岗位工作中的安全隐患,并及时报告班长或跟班人员,由班长或跟班人员安排人员处理。生产场所排查出的重大隐患和现场无法立即治理的安全隐患,不但要向操作人员告知,还要向区值班人员和调度所汇报,由区值班人员或调度所安排处理。隐患自查工作的核心环节是现场工作人员的排查,通过开工前的安全确认,生产工作中的走动排查,工作后的安全评估,真正做到全员、全方位、全过程的隐患排查,为企业安全生产消除潜在威胁。

② 监督检查隐患

生产经营单位领导、机关职能科室技术管理人员、安监处检查人员监督检查,根据安监处事先制定的检查计划,按照规定的检查周期、检查时间、检查路线、检查项目、检查方式进行安全隐患的协查和督查,并将协查情况告知责任单位,由责任单位安排责任人处理。

（4）治理隐患

排查和发现隐患的目的是消除隐患,对排查出来的安全隐患熟视无睹不去处理,等于没有排查安全隐患,必然威胁后继生产安全。治理隐患的主要流程如下:

① 基层单位对已查出的安全隐患评估、分级。基层单位管理人员,主要是科（区）跟（带）班人员、班队长,根据事故隐患的分级标准,对自查和监督

检查中已查出的安全隐患进行评估,判断能否自行整治,能够自行整治的自行治理,不能够自行整治的汇报监督管理部门。

② 基层单位自主闭合处理隐患。对于能够自行治理的隐患,基层单位管理人员制定整治方案,安排治理责任人,并监督治理,最终检查验收、记录整理。当班不能处理完毕的隐患,汇报科(区)值班处,由科(区)值班处安排下一班次继续治理。

③ 监管部门负责组织闭合处理隐患。对于不能够自行整治的安全隐患,基层单位汇报监督管理部门,由监管部门协调相关部门及人员制定隐患治理方案,组织责任单位实施,并对隐患治理过程进行监督,对治理结果核查。安全隐患威胁到安全生产时,要停止生产,等待隐患彻底消除后,处于安全状态下再继续生产。

(5)考核评价

隐患治理工作结束后,要对隐患排查治理工作进行效果评价,由专人负责事故隐患的统计,筛选处理和上报,将隐患排查治理效果公示,使企业每一个人都了解存在的事故隐患,在工作中进行防范。再根据隐患排查岗位责任,奖罚结合对各级责任人进行相应追查,从而提高员工排查隐患的积极性,加强隐患排查治理过程控制,打破安全隐患"产生—治理—再产生—再治理"的不良循环。最后要将重特大隐患详细记录,比照原有的治理措施,进行反馈、更新和完善,让隐患排查工作更加规范、更加细致。

2. 实际工作中隐患的表现形式通常有哪些?

❓ 问题描述

一些企业组织对生产现场的隐患进行排查工作的那时候,只检查表面上的一些隐患,对隐藏性的隐患不能及时排查治理,从而因隐患排查不彻底导致事故的发生。

❓ 问题辨析

一般来说,发现隐患,要了解隐患的表现形式,因为它可能是显而易见的、隐藏着的和正在发展中的等等。明显可见的隐患,如杂乱无章的现场、缺乏防护的设施、照明不够或缺乏、电气绝缘有损坏、静电接地线损坏;隐藏着难以发现的隐患,如有毒和窒息性气体的空间或有限空间、车载油罐内易燃易爆气体达到爆炸极限、桥梁内部已经发生破碎或断裂;正在发展中的隐患,如由于地基振动或下陷产生的建筑结构性损坏、金属部件的腐蚀和极度风化、机械设备关键部件的非正常磨损和破裂、来自紫外线和化学作用的破坏、岩石风化导致强度降低,松散破碎等。因此在排查隐患过程中需要结合专业的知识和工具去发现各类隐患,不能拘泥于表面的现象。

🔲 *问题举例*

2016年11月24日,江西丰城发电厂三期扩建工程发生冷却塔施工平台坍塌特别重大事故,造成73人死亡、2人受伤,直接经济损失10 197.2万元。事发当日,在7号冷却塔第50节筒壁混凝土强度不足的情况下,违规拆除模板,致使筒壁混凝土失去模板支护,不足以承受上部荷载,造成第50节及以上筒壁混凝土和模架体系连续倾塌坠落。在本次事故中可以看到,事故的根本原因是筒壁混凝土强度不足,而这类隐患显然不是表面隐患。对于这种非表面的隐蔽致灾因素造成的事故灾害,往往比只是在现场凭经验、肉眼去排查能发现的隐患更大。隐蔽致灾因素必须要结合专业的知识和工具才能有效排查。

3. 如何开展综合性隐患排查?

🔲 *问题描述*

综合性隐患排查是企业开展的规模最大、覆盖面最全的隐患排查,由于涉及人员较多、排查内容较多导致很多企业不知如何组织开展,造成综合性隐患排查无法做到全覆盖,降低了排查效果。

🔲 *问题辨析*

综合性隐患排查也称安全生产大检查,指由企业主要负责人定期组织分管负责人、相关职能科室及生产部门开展一次覆盖全企业的隐患排查。因此综合性隐患排查是一次集体性的隐患排查活动,企业应在相关制度中明确综合性隐患排查开展的周期、人员要求、排查范围,并且在每次排查前制定排查工作方案,明确具体的排查时间、排查方式、排查范围、排查内容和参加人员。由于排查范围及内容较多,企业可分组开展,当然企业也可以不分组,共同完成整个排查活动。分组一般包含两种形式,一是分专业组,二是分地点组,企业可根据实际情况选择。分专业组即本组全部为同一专业人员组成,排查所有与本专业相关内容;分地点组即本组包含所有专业人员,排查所分地点下的所有内容。

排查结束后,企业对所有的隐患进行登记,形成本次综合性隐患排查台账,组织相关人员对隐患进行"五定"(定人员、定时间、定责任、定标准、定措施),确保隐患得以整改。

💬 *问题举例*

以煤矿综合性隐患排查举例说明。

煤矿综合性隐患排查要求矿长每月组织分管负责人及相关科室、区队对重大安全风险管控措施的落实情况、管控效果及覆盖生产各系统、各岗位的事故隐患至少开展1次排查。

××煤矿为开展4月份综合性隐患排查,由矿长组织召开了专题会议。

2022年3月25日,矿长张××在调度所一楼会议室主持召开4月份月度隐患排查会议。矿副总以上领导、相关部室负责人及一、二线单位负责人参加了会议。会上,张矿长安排各专业于4月3日开展一次覆盖井下、地面生产各系统和各岗位的事故隐患排查。

针对事故隐患排查工作张矿长作了几点要求:

(1)4月份月度事故隐患排查工作按照安监处排定工作方案执行。

(2)各专业分管领导认真组织安排,各专业根据排查重点进行排查。

(3)重点对××工作面初采前进行系统排查。

(4)对××风巷迎头临时支护及单轨吊的使用重点排查。

(5)吸取××煤业关于"3·24"绞车伤人事故教训,对井下无极绳绞车、轨道绞车等重点排查。

会议形成会议纪要,后附工作方案(图5-2、图5-3)。

> **××煤矿2019年4月份月度事故隐患排查会议纪要**
> 一、会议时间:**2019年3月25日8:00**
> 二、会议地点:调度所一楼会议室
> 三、会议主持人:张 ××
> 四、参会人员:副总以上在矿领导、各单位负责人
> 五、会议内容:
>   2019年3月25日上午八点,矿长张××在调度所一楼会议室主持召开4月份月度隐患排查会议。矿副总以上领导、相关部室负责人及一二线单位负责人参加了会议。会上,张矿长安排各专业于4月3日开展一次覆盖井下、地面生产各系统和各岗位的事故隐患排查。
>   针对事故隐患排查工作张矿长作了几点要求:

图 5-2 月度隐患排查会议纪要

4月份月度事故隐患排查工作方案

根据公司事故隐患排查工作制度要求，结合公司年度隐患排查工作计划，就4月份隐患排查具体工作安排如下：

一、成立事故隐患排查治理领导组

组 长：矿长

副组长：分管负责人

成 员：各相关部室管理人员及队组负责人、技术员。

设立事故隐患排查治理办公室，办公室设在安监部。

二、事故隐患排查治理时间、方式、范围和参加人员

1、排查时间：

2、排查的方式：动态排查和静态排查相结合

3、检查范围：地面、井下各作业地点和要害部位。

4、参加人员：

5、事故隐患排查人员按专业分组情况：

采掘专业：

机电、运输、调度和地面设施专业：

通风专业：

地质灾害与测量专业：

风险管控、事故隐患排查、职业卫生、安全培训和应急

管理专业：

三、事故隐患排查主要内容

1、各专业系统重点检查内容

（1）采掘专业：重点采掘作业地点顶板管理进行隐患

（a）

序号	参加人员	排查路线	主要检查地点
1		集中轨道巷→北轨道→东轨道→东运输大巷→9315 工作面	急救硐室、避难硐室、9315 综采工作面
2		集中胶带大巷→北胶带大巷→东胶带大巷→东运输大巷→9309 进风顺槽	9309 进风顺槽
3		集中轨道大巷→中央配电室→中央水泵房→北轨道大巷→东轨道→东运输大巷→三采区配电所→三采区水泵房→9309 回风顺槽	中央水泵房、中央配电室、沿途运输线路、校车硐室、防排水系统、9309 回风顺槽
4		集中胶带大巷→北胶带大巷→东胶带大巷→东运输大巷	中央水泵房、中央配电室、三采区水泵房、三采区配电室及沿途机电系统、机电硐室等
5		集中胶带大巷→北胶带大巷→东胶带→东运输大巷→9311 工作面→东回风	沿途"一通三防"设备、设施、瓦斯泵站、9311 工作面
6		井口急救站、压风机房、10kv 配电室、提升绞车房、通风机房、监控机房、机修车间、"两堂一舍"、工业广场、库房、锅炉房、污水处理站、地面采空区、沉陷区等地面要害部位	

（b）

图 5-3　月度事故隐患排查工作方案及排查路线安排

　　排查完成后，安监处对排查结果进行收集、整理，建立隐患台账，跟踪隐患整改情况，并及时根据隐患整改情况填写隐患台账。隐患台账示例见表5-1。

表 5-1　××煤矿 4 月份月度隐患排查治理台账

序号	排查日期	排查类型	排查人	隐患地点	隐患描述	专业
1	4 月 3 日	矿月度排查	张××	××采煤工作面	风巷 68# 风水管路处烂顶严重	采掘
2	4 月 3 日	矿月度排查	李××	××轨道大巷	大巷 1 000 m 处轨道出现阴阳道	运输
3	4 月 3 日	矿月度排查	赵××	××机巷	水仓处水满外溢	地测防治水
…						

序号	隐患等级	治理措施	责任单位	责任人	治理期限	验收人	销号日期
1	C	联网支护	修护区	周××	4 月 4 日	吴××	4 月 5 日
2	C	整理轨道	运输区	王××	4 月 5 日	黄××	4 月 6 日
3	C	及时抽排	采煤区	李××	4 月 3 日	陈××	4 月 4 日
…							

4. 不安全行为是什么？与"三违"有什么区别？应该如何管控？

[?] *问题描述*

企业在进行双重预防机制建设运行过程中会经常产生这样的疑惑:到底不安全行为指的是什么？不安全行为与经常提到的"三违"有什么区别？它们之间是否可以等同来对待？不安全行为在进行管控时应该如何操作？

[?] *问题辨析*

产生这样的疑惑主要是对不安全行为的内涵没有理解清楚,这里我们重新梳理一下不安全行为的内涵。虽然不安全行为与设备设施、环境、管理等方面的隐患有较大差别,但按照定义依然是一种隐患,对其管控是双重预防机制的重要组成部分。《企业职工伤亡事故分类标准》(GB 6441—86)将不安全行为定义为能造成事故的人为错误,并将其细分为 13 类,即:操作错误、忽视安全、忽视警告;造成安全装置失效;使用不安全设备;手代替工具操作;物体(指成品、半成品、材料、工具、切屑和生产用品等)存放不当;冒险进入危险场所;攀坐不安全位置(如平台护栏、汽车挡板、吊车吊钩等);在起吊臂下作业、停留;机器运转时加油、修理、检查、调整、焊接、清扫等工作;有分散注意力行为;没有正确使用个人防护用品和用具;不安全装束,以及对易燃、易爆等危险品处理错误。

另一种常见的不安全行为定义是：人表现出来的在生产过程中发生的、直接导致事故的非正常行为。从人的心理状态出发可将人的不安全行为分为有意识不安全行为和无意识不安全行为。有意识不安全行为是指有目的、有意识、明知故犯的不安全行为，其特点是不按客观规律办事，不尊重科学，不重视安全。无意识不安全行为是指一种非故意的行为，行为人没有意识到其行为是不安全行为。当前不安全行为方面的理论研究多集中在不安全行为的产生原因、不安全行为传递等方面，对于不安全行为管控方面的探索则主要集中在生产经营单位的实践层面。在生产经营单位中往往以"三违"（"违章指挥""违规作业""违反劳动纪律"）代表不安全行为。而实际上"三违"行为是从"章、规、劳动纪律"等客观约束角度定义的行为，不安全行为则是一个更大的概念，显然包含"三违"行为。例如操作人员因为人体的生理机能有缺陷，如听力较差、色盲等导致事故发生，属于无意识的不安全行为但并不属于"三违"行为。不安全行为管控应以能造成事故的人为错误为管控对象，而不是仅仅关注"三违"行为。

根据事故因果链模型，事故发生的原因是人的不安全行为或物的不安全状态，而这又是由于人的缺点和不良环境诱发造成的。现实安全生产中，很多事故的发生都与不安全行为有密切的关系，因此，加强不安全行为的管控对于双重预防机制建设有重要的意义。

不安全行为管控包括两方面的任务：第一，如何使从业人员了解什么是不安全行为，或从正面制定标准作业流程；第二，如何使从业人员有动力拒绝不安全行为，能够按照标准作业流程操作。前者主要通过各类培训完成，后者则通过多样化的激励机制等实现。

双重预防机制中不安全行为的管控基本逻辑可以总结为五个环节：从业人员培训、不安全行为现场管控、不安全行为发现、不安全行为矫正、再上岗跟踪，如图 5-4 所示。

（1）从业人员培训

在培训之初要制定各项作业的标准和规范，培训的主要内容可以围绕作业的各项标准及规范、如何避免不安全行为以及不安全管控制度三个方面展开。如何避免不安全行为的培训主要通过企业安全文化等方面的宣贯，使从业人员真正从内心不认可不安全作业行为，在生产经营单位内部营

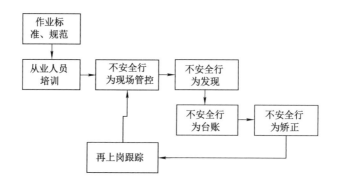

图 5-4　不安全行为管控流程

造发生不安全行为可耻的文化氛围。不安全管控制度的培训则使从业人员相信自己的任何不安全行为都一定会被发现,不再心存侥幸,同时明确不安全行为发生后,即使没有造成事故也会受到其他方面的重大损失,从而改变从业人员的行为动机。

（2）不安全行为现场管控

在具体现场作业中,严格执行生产经营单位制定的各项现场管控措施,如班前会制度、手指口述制度、开工前确认制度、交接班安全交底制度等,通过制度的约束,避免从业人员在工作中做出不安全行为。

（3）不安全行为发现

在具体作业过程中,生产经营单位执行各项不安全行为管控制度,如安全检查、隐患/不安全行为排查、不安全行为举报、机器视频识别等管理、技术措施,发现出现的不安全行为。

（4）不安全行为矫正

不安全行为的矫正与从业人员培训既有联系又有很多的不同。一方面,有针对性的培训,包括不安全行为内容、后果宣贯等;另一方面则会采取一系列的奖罚措施改变从业人员对不安全行为后果的预期。典型的奖罚措施包括:批评、做检查、宣誓承诺、罚款、扣积分、停工、更换工作岗位、辞退等一系列方法。不安全行为矫正的措施要考虑到不安全行为产生的原因,不能千篇一律,如:有意识的不安全行为要改变其对不安全行为的认识,强化不安全行为能够被发现的预期,相信生产经营单位制度的执行力。无意识的不安全行为更侧重培训方法,如常采用加强行为准则教育、职责认知教育、工作方法技能培训、科学安排劳动时间等方式。需要注意的是,不安全行为矫正方法既要体现针对性,还要注意员工的尊严等心理因素,也不能将罚款作为唯一措施,什么事情都一罚了之。

（5）再上岗跟踪

生产经营单位应对经过行为矫正合格后再上岗的员工进行跟踪,以确保相关员工能够不再发生不安全行为,如:不安全行为人员再上岗一周内,所在的科室、区（队）至少对其实施一次行为观察;行为管控主管部门对再上岗人员进行回访,回访应制定回访表格,至少包括不安全行为人领导、同事（下属）不少于3人签署的再上岗人员的评价意见等制度性规定。

上述五个环节中,显然前两个是面向事前的,更加重要。不安全行为管控工作中,不仅要关注从业人员的具体作业行为,还要关心从业人员的心理健康。很多不安全行为都与心理健康有密切的联系。2021 年 6 月新发布的《安全生产法》第四十四条第二款规定:"生产经营单位应当关注从业人员的身体、心理状况和行为习惯,加强对从业人员的心理疏导、精神慰藉,严格落实岗位安全生产责任,防范从业人员行为异常导致事故发生。"因此,关注从业人员心理健康不但是不安全行为的管控需要,也是生产经营单位应尽的法律责任。

❓ *问题举例*

对不安全行为控制的研究,大致经历了"人适机"、"机宜人"和以规章制度来约束人的三个阶段,无论哪一阶段的措施,都只是从某一方面来控制。实际上要想有效地控制不安全行为的产生,需要从三个方面入手:自我行为控制、外部约束和外部激励（图 5-5）。

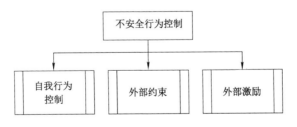

图 5-5　不安全行为控制方法

（1）强化教育、培训,提高自我行为控制能力

首先应该建立和完善各项规章制度和各工种（机具）的安全技术操作规程。没有安全技术操作规程是绝对不行的,已有的一些规章制度和操作规

程,随着生产工艺的改进、设备的更新,也需要不断进行修改和完善。有了规章制度和操作规程,更重要的是要对职工进行宣传、教育和培训,对新人或复工转岗工人在上岗前要进行应知、应会和安全操作知识的教育和培训;对特种作业人员要经过教育、培训、考核,合格后,做到持证上岗;使用新工艺、新材料、新设备、生产新产品之前也要对岗位工人进行相应的安全教育和培训。还要充分利用电视、广播、板报、标语等各种手段,运用多种形式对职工进行经常性的教育。对职工的教育培训应包括安全态度教育、安全知识教育、安全技能培训和安全应急能力培训等。通过各种形式的宣传教育和培训使职工知道不能怎样做、应该怎么做,做到什么程度,在发生意外时应怎样采取措施。更重要的是要使职工不断提高安全意识,培养职工遵章守纪的自觉性,进而消除人的不安全行为。

(2)加强监督和检查,进行外部约束

各项规章制度和安全操作规程是前人用生命和鲜血换来的教训,遵章守纪首先应该是每个员工的自觉行为,而不能靠他人来督促。但是,由于人员安全意识和素质的差异,再加上其他各种因素的影响,在实际生产作业过程中,有些员工就不能自觉地去遵章守纪,出现领导和安全人员在现场与不在现场时不一样,管与不管又不一样。因此,首先是各级领导和安全人员应对每个员工的作业进行检查和监督,其次是员工之间建立联保互保制,相互之间要监督,发现违章要及时纠正和制止。为了更好地检查和监督员工的作业行为,还要及时了解和掌握每名员工的生理和心理状态,发现异常要采取措施,以防各种意外。此外,对各种故意违章行为要给予严肃处理,以防类似现象重复发生,以强制手段培养职工自觉遵章守纪的习惯。

(3)建立考核评价机制,进行外部激励

首先,企业应重视安全生产目标的结果和奖酬对职工的激励作用,既充分考虑设置目标的合理性,增强大多数职工对实现目标的信心,又设立适当的奖金定额,使安全目标对职工有真正的吸引力。

其次,要重视目标效价与个人需要的联系,如在期望认知中的人的个性、个人经验、环境条件等。将满足低层次需要(发奖金、提高福利待遇等)与满足高层次需要(加强工作的挑战性、给予某些称号等)结合运用。

同时,要通过宣传教育引导职工认识安全生产与其切身利益的一致性,提高职工对安全生产目标及其奖酬效价的认识水平。

最后，企业应通过各种方式为职工提高个人能力创造条件，以增加职工对目标的期望值。

5. 制定隐患治理方案的要求是什么？应当包括哪些内容？

?️ *问题描述*

企业对生产中存在的隐患，常常是采用经验式治理，消除影响企业生产的危险因素，从而保证安全生产。

?️ *问题辨析*

隐患治理是依据隐患的排查结果，制定有效的治理措施，过去经验式、被动式的隐患排查治理方式可控性较低，甚至面临疏于管理，致使隐患处于失控状态，其结果必将引起事故的发生。

企业应根据隐患排查、分级的结果，对于不能够自行整治的安全隐患，由基层单位汇报监督管理部门，由监管部门协调相关部门及人员制定隐患治理方案，通过实施相应方案，及时治理隐患。隐患治理方案应完善、全面，内容包括：目标和任务、方法和措施、经费和物资、机构和人员、时限和要求，其中隐患治理措施可包括工程技术措施、管理措施、教育措施、防护措施和应急措施等方面。

在隐患治理过程中，对于危害和整改难度较大的事故隐患，一般要在全部或局部停产的状态下进行。这种情况下应以隐患治理方案的理论分析为指导，综合企业生产实际，投入专项资金，采用有效措施，从根本上最大限度消除企业的事故隐患和薄弱环节，进一步筑牢企业安全生产基础，保障企业的安全生产环境。

?️ *问题举例*

某生产经营单位在一次恶劣天气后开展的专项隐患排查过程中发现两个隐患，其中一个非常简单，安全提示牌板被风吹坏，通知现场责任单位立即整改；另外一个则比较复杂，电线杆倾斜，将二楼的扶梯撞坏。检查人员立即向责任单位下发隐患治理通知。

总务部收到隐患通知后，制定了第二项隐患的治理方案。方案包括以下几部分：

（1）隐患情况。

（2）隐患治理的标准（目标）。

（3）隐患直接责任人和督办人。

（4）隐患治理措施：

第一，联系电力部门，协调电线杆扶正等工作时间，同时制定电力部门来之前的临时处置方案；

第二，联系建筑施工单位，协调楼梯维修计划，同时制定楼梯维修前的临时处置方案；

第三，明确资金、时限要求。

当电力部门或建筑施工单位到场开工前，隐患责任单位应与电力部门或建筑施工单位共同开展针对作业的风险辨识评估，制定管控措施，并落实。

6. 如何进行重大隐患排查治理？

？ *问题描述*

在我国安全生产行业中，化工和危险化学品、烟花爆竹、煤矿等生产经营单位安全矛盾尤为突出，为准确判定、及时整改生产经营单位重大生产安全事故隐患，有效防范遏制重特大生产安全事故，依据有关法律法规、部门规章和国家标准，国家安全监管总局下发了相关文件，明确了各行业重大生产安全事故隐患判定标准。各生产经营单位只需对照相关文件即可判定重大隐患，从而达到准确认定、及时消除的目的。

？ *问题辨析*

生产经营单位依照判定标准，对本单位开展自查，由生产经营单位主要负责人组织制定并实施重大事故隐患排查治理方案（图 5-6）。重大隐患排查治理方案应当包括以下内容：

（1）治理的目标和任务；

（2）采取的方法和措施；

（3）经费和物资的落实；

（4）负责治理的机构和人员；

（5）治理的时限和要求；

（6）安全措施和应急预案。

对排查中发现的重大隐患应及时治理，经治理后符合安全生产条件的，生产经营单位应当向安全监管监察部门和有关部门提出恢复生产的书面申请，经安全监管监察部门和有关部门审查同意后，方可恢复生产经营。申请报告应当包括治理方案的内容、项目和安全评价机构出具的评价报告等。

重大隐患排查治理方案

为认真贯彻落实"安全第一、预防为主、综合治理"的安全生产方针,按照国家安监局令第 16 号《安全生产事故隐患排查治理暂行规定》,集中力量开展安全生产隐患排查治理工作,采取切实有效措施,杜绝重大、特别重大事故的发生,结合 XX 部安全生产工作实际,特制定本实施方案。

一、 隐患排查治理的目的和任务

通过开展 XX 部安全生产隐患排查治理专项行动,进一步深化 XX 部安全生产隐患排查治理工作,进一步强化 XX 部安全生产主体责任,加大安全投入,进一步完善各项安全生产规章制度,进一步落实各项安全管理措施,健全隐患排查治理机制,夯实构建自动化部安全工作长效管理机制,彻底整改旧有隐患,遏制新隐患产生,有效防范和遏制重特大事故发生,保持 XX 部安全工作平稳态势。

二、隐患排查治理的组织机构和人员

为加强组织领导,确保 XX 部安全隐患排查治理行动顺利开展,取得实效,成立安全隐患排查治理专项行动领导小组。

图 5-6　重大隐患排查治理方案

❓ 问题举例

生产经营单位的安全生产管理人员在检查中发现重大安全隐患,应向本单位有关负责人报告(图 5-7),有关负责人不及时处理的,安全生产管理人员可以向主管的负有安全生产监督管理职责的部门报告,接到报告的部门应当依法及时处理。

另外,生产经营单位还应执行"双报告"制度,一方面按法律法规及当地安全监管监察部门规定的期限,向上级公司和当地安全监管部门进行书面报告,内容应当包括:隐患的现状及其产生原因、隐患的危害程度和整改难易程度分析、隐患的治理方案。

另一方面,应向企业职工代表大会或其常务机构报告。报告内容按照被上报单位规定的内容填写,若被上报单位没有相关规定,则上报内容至少应包括隐患发现时间、隐患现状及其产生原因、隐患的危害程度和整改难易程度分析等。

重大安全隐患整改报告书

呈报：   第　　号

安全隐患部门		地点		发现隐患时间	
第一责任人	职务		直接直任人	职　务	
监督检查部门		责令整改时间		整改期限	
事故隐患情况					
整改过程 落实整改时间和措施					
整改结果 排除事故隐患情况					

填报单位：　　　　　　　　　　　　　　　　　　报告人：
填报时间：　　　　　　联系电话：　　　　　　　单位传真：

图 5-7　重大安全隐患报告

7. 煤矿企业重大隐患治理方案应该如何编制?

❓ 问题描述

企业在发现重大隐患后,要针对治理重大隐患编制专项方案,并组织实施及上报,那么在煤矿企业发现重大隐患后,对重大隐患治理方案应该如何编制?

❓ 问题辨析

《煤矿安全生产标准化管理体系基本要求及评分方法(试行)》中要求重大事故隐患由矿长按照责任、措施、资金、时限、预案"五落实"的原则,组织制定专项治理方案,并组织实施,治理方案按规定及时上报。明确了必须由矿长组织编写和实施治理方案,治理方案要涵盖责任、措施、资金、时限、预案等内容,确保"五落实",方案必须按规定及时上报煤矿上级公司、当地煤矿安全监管监察部门。除此之外,治理方案应当包括以下内容:治理的目标和任务、采取的治理方法和措施、经费和物资、机构和人员的责任、治理的时限、治理过程中的风险管控措施(含应急处置)等。

[?] *问题举例*

L 煤矿李××在下井带班巡查时,发现重大隐患,向调度所及安监处报告情况,该煤矿矿长接到信息后,立即组织副总以上领导及安全、技术、调度、通风、区队等人员召开专项会议,制定专项治理方案,该煤矿矿长亲自组织实施,方案内容包括:① 矿井概况;② 重大事故隐患基本情况,包括隐患的基本情况和产生原因、治理目标和任务等;③ 治理的方法和措施,包括隐患危害程度和治理难易程度分析、需要停产治理的区域、采取的安全防护措施和制定的应急预案等;④ 经费和物资;⑤ 责任单位和责任人员;⑥ 隐患治理,包括隐患治理时限、进度安排、治理进度定期报告要求、治理过程中的风险管控措施(含应急处置)等;⑦ 督办销号程序;⑧ 验收后达到的预期效果。

8. 隐患督办的意义和目的是什么？煤矿企业该如何进行？

[?] *问题描述*

企业在组织隐患排查时会发现隐患,并针对隐患进行治理、验收,但部分隐患不能及时有效地得到治理,需要隐患进行提级督办,这样能更快地治理隐患,实现闭环,那么隐患督办的意义和目的是什么？煤矿企业该如何进行？

[?] *问题辨析*

督办的提出是为了保证所有的隐患能够得到及时的治理,在治理过程中能够准确遵守相关规定,符合技术和措施要求,是对隐患治理过程进行监督、指导的角色。生产经营单位应建立健全事故隐患排查体系,对排查出的事故隐患进行分级治理,不同等级的事故隐患由相应层级的单位(部门)负责,按事故隐患等级进行治理、督办、验收。在督办前首先明确督办责任单位(部门)和责任人员,督办单位(部门)负责事故隐患排查治理督办工作,每月对各单位、专业事故隐患排查治理情况进行检查、考核、通报。督办单位

(部门)对重大隐患实行挂牌督办,并在醒目位置挂牌公示,实行跟踪落实,闭环管理,做好资料记录,并督促治理单位及时记录治理情况和工作进展,定期向上级汇报重大隐患整改情况,直到整改结束。

在事故隐患治理过程中实施分级督办,对未按规定(指内容、质量、期限)完成治理的事故隐患,按照隐患治理对应的层级及时提高督办行政层级。隐患提级督办主要是将原隐患督办层级按照原计划层级向上提升一层,加大督办力度。升级后的督办,督办信息、治理过程及完成信息应该向提级后的督办人报告,并由升级后的督办人增加督办记录。隐患升级督办后,原治理信息和督办升级后的信息都应该准确记录,并能够追溯。

问题举例

L煤矿××年将安全监察部明确为督办部门,负责事故隐患排查治理督办工作,每月对各单位、专业事故隐患排查治理情况进行检查、考核、通报。同时对隐患按专业分为三级、二级、一级督办,三级督办人为科区负责人,二级督办人为分管领导,一级督办人为主要负责人。L煤矿采煤队排查出某条隐患,未及时治理,提高了督办等级,相应等级的负责人对隐患进行重新明确时间、措施,经过提级督办,采煤队按时整改了隐患,堵住安全漏洞,确保了安全生产。

9. 如何进行隐患公示与举报?

问题描述

生产经营单位应及时通报事故隐患情况,要充分利用各类宣传阵地,对本单位隐患排查治理情况进行公示。对于企业的所有隐患排查治理情况,要在信息公告栏、电子屏等地方进行公示,公示的时间要求是每月,公示的内容是企业实时的隐患分布、治理进展情况,以便员工及时掌握隐患治理情况。

问题辨析

对于重大隐患,公示的地点应该选取本单位比较显著的位置(如宣传栏、公告栏等),以便重大隐患信息能够最大限度地被员工获知,公示的内容包括但不限于重大事故隐患存在场所、主要内容、挂牌时间、责任人、停产停工范围、整改期限和销号情况等,如图5-8所示。

生产经营单位应当建立事故隐患举报奖励制度,鼓励、发动职工发现和

安全生产事故隐患排查治理公示栏

企业名称：

序号	检查时间	隐患内容	整改期限	整改负责人	验收时间	验收结果	验收人	备注
1								
2								
3								
4								
5								
6								
7								
8								
9								

公示牌规格：180cm×120cm，永久性。

图 5-8　隐患公示

排除事故隐患，鼓励社会公众举报。对发现、排除和举报事故隐患的有功人员，应当给予物质奖励和表彰。公布企业及安全监管监察部门事故隐患举报电话、信箱、电子邮箱等，接受从业人员和社会的监督。

10. 隐患闭环管理的问题是什么？

❓ *问题描述*

我国各企业虽然在风险类型、危险程度上差距巨大，但基本都采取了隐患治理或隐患闭环管理的管理方法。其逻辑的核心是不要让生产过程中出现与预期设计的偏离，其实现方法是通过各种类型的检查、排查等方式及时发现存在的隐患，然后尽快进行处理。以隐患闭环为核心的安全管理模式，其重心在检查。检查人员在检查前对可能出现的隐患并不清楚，所以除了专项隐患排查外，一般性的隐患闭环管理并不明确要求必须排查哪些隐患，也就是对所面临的风险没有明确的预判。在实践中，隐患闭环管理模式对安全检查人员的能力和责任心依赖性较强，即安全检查人员既要懂业务、技术相关要求，能够在现场发现隐患，同时又具有足够的责任心，愿意去排查隐患。改革开放后，相关的管理方法逐渐完善，具有其历史作用，得到了生产经营单位的广泛认可和实践，在实际的安全生产工作中也起到了明显的作用。然而，随着经济的快速发展，我国安全生产面临着新的环境、新的问题，隐患闭环管理的模式本身也需要不断完善、深化。

❓ *问题辨析*

涉危行业类企业的隐患闭环管理存在的问题主要有：

（1）隐患闭环模式强调发现隐患，而不是防范隐患

隐患闭环管理模式侧重治理，忽视了隐患为什么会产生，过于强调治标而不治本，隐患查不胜查，安全管理人员长期处于精神高度紧张状态，不知道什么时候会发生隐患，始终处于被动应对的局面。

（2）隐患闭环模式难以及时发现隐患，给安全生产带来了风险

隐患闭环管理以各种隐患排查为主要手段，其直接目的是排查存在的隐患，然后通过闭环流程使其得到有效的治理，从而避免事故发生。隐患排查管理中发现隐患时，隐患已经存在一定时间，而生产经营单位无法对该时间段内的隐患采取控制措施。从隐患产生到发现的这段时间内，隐患的存在提高了安全生产风险等级。

（3）隐患闭环模式发现隐患的可能性取决于很多因素，不可能完全排查出所有隐患

传统的隐患闭环治理对该排查出却未排查出的情况往往并没有作明确严格的责任追究，即隐患排查人员是否能够发现某个当前存在的隐患并不作为关注的重点，更多的是为了考核方便，只要求发现隐患的数量和等级。因此，隐患闭环管理的情况下，生产经营单位往往面临着隐患随时查随时有的尴尬局面。而这些没有被查出的隐患，给安全生产带来了巨大的威胁。

（4）隐患闭环模式强调隐患治理本身的业务闭环，却忽视了生产经营单位安全体系的闭环提升

隐患闭环模式构建了完整的隐患"发现—治理—验收"闭环，其闭环着力点在"确保所有被发现的隐患都能够得到有效的治理"。这种模式满足于具体隐患的消失，缺乏从更高层面进行总结分析，即为什么会出现这些隐患并在其基础上提出改进措施，使隐患尤其是一些重复出现的隐患、重要隐患等不再出现或出现概率下降。因此，很多生产经营单位耗费大量的精力落实隐患闭环模式，但隐患数量始终相对稳定，很多隐患反复出现却无法得到有效遏制。

由于上述不足的存在，长期以来我国涉危生产经营单位分管安全的负责人和安全检查人员付出了极大的努力和心血，虽然在很大程度上改变了我国安全生产长期低于国际平均水平的落后局面，取得了有目共睹的巨大

成就,却发现其难以达到当前新安全管理理念与目标的要求。这种不胜任情形突出体现在两个方面:一方面,安全管理人员压力巨大,甚至因事故被追究责任的情形时有发生;另一方面,难以真正遏制事故,尤其是一些重特大事故时有发生。

11. 完善企业隐患排查治理闭环工作机制要重点做好哪些工作?

问题描述

自 2015 年 12 月习近平总书记在中央政治局常委会上指出"对易发重特大事故的行业领域采取风险分级管控、隐患排查治理双重预防性工作机制,推动安全生产关口前移"以来,企业一直在坚持建设和完善双重预防机制,建立双重预防管理信息系统。但是在建设双重预防机制的过程中,隐患排查治理闭环工作往往做得不到位。那么要完善企业隐患排查治理闭环工作机制要重点做好哪些工作?

问题辨析

为完善企业隐患排查治理闭环工作机制需要做好以下工作:

(1)完善企业隐患排查治理体系建设,建立自查、自改、自报事故隐患的综合信息管理系统。只有在系统建设完整功能齐全的前提下才能将隐患排查治理闭环的工作机制落实到现场,为企业加强建设双重预防机制奠定基石。

(2)建立健全隐患闭环工作机制,实现隐患排查、登记、评估、治理、报告、销账等持续改进的闭环管理。在双重预防机制的建设过程中,发现企业原来的安全管理存在着许多的弊端,很多隐患排查出来后未能进行全程跟踪、落实、闭环处理,导致隐患继续存在。

(3)从排查发现隐患、制定整改方案、落实整改措施、验证整改效果等环节实现有效闭合管理来加强双重预防机制的建设和落实。双重预防机制建设前,隐患的排查治理闭环验收不到位,隐患排查出隐患后,隐患的整改方案、整改措施、整改结果未能按照流程进行限时处理,导致隐患存在时间长,遇到隐患的诱发因素,可能会导致隐患升级成为事故。

(4)完善事故隐患登记报告制、事故隐患整改公示制、重大事故隐患督办制等工作制度,使隐患从发现到整改完毕都处在监督管理下,使排查治理工作成为一个"闭合线路"。对查出的隐患做到责任、措施、资金、时限和预案"五落实",对重大事故隐患严格落实"分级负责、领导督办、跟踪问效、治理销号"制度。从制度方面保证隐患排查治理责任落实到个人,夯实双重预防机制落实的基础。

[?] *问题举例*

这里以煤矿企业的双重预防机制的建设前后情况对比进行说明,如图5 9所示。

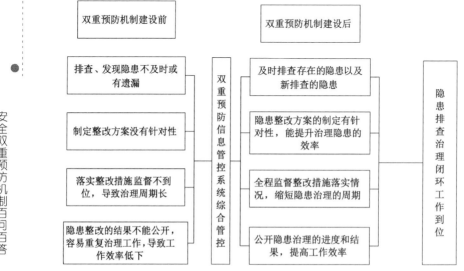

图 5-9 做好隐患排查治理闭环工作机制示意图

双重预防信息管控系统建设前煤矿企业普遍存在隐患排查治理闭环工作信息传输不及时,整改方案没有针对性,整改措施的过程无法监督到位,隐患整改结果未公示导致重复执行整改工作,工作效率低下。

在建设双重预防信息管理系统后,煤矿企业能够结合现有的科技手段,同步开发移动端 App 软件。双重预防信息系统和 App 软件能够实现隐患排查信息展示及新增隐患提示,煤矿企业可以根据提示信息及时针对隐患展开隐患整改工作,全程监控整改工作流程,掌握隐患整改进度,及时对相应的部门进行督导,缩短隐患治理的周期。同时,公示整改结果,便于让相应领导和部门了解隐患的整改情况,合理安排人力、物力,提升工作效率,做好隐患排查治理闭环工作。

第六章
信息化建设

1. 双重预防机制建设一定要上管理信息系统吗?

[?] *问题描述*

　　一些人认为双重预防机制是一套管理逻辑、方法等组成的机制,只要按照这个思路和方法建立组织、设计流程、开展安全管理工作就可以称之为建立、运行了双重预防机制。是否采用管理信息系统运行双重预防机制只是一个锦上添花的做法,并不是双重预防机制建设本身的要求内容,因此《安全生产法》中要求生产经营单位建立、运行双重预防机制并不意味着生产经营单位要建设双重预防管理信息系统,更不意味着只有通过管理信息系统运行才称之为落实双重预防机制。

[?] *问题辨析*

　　上述理解是错误的,没有充分认识到双重预防机制的内涵和范围,也没有充分理解当前技术条件下,管理信息系统对于企业管理方法、模式落地的价值。(本部分的管理信息系统均指双重预防管理信息系统)

　　(1)国家层面对双重预防信息化的要求

　　2016年10月,国务院安委会办公室下发《国务院安委会办公室关于实施遏制重特大事故工作指南构建双重预防机制的意见》（安委办〔2016〕11号），其中明确提出要"强化智能化、信息化技术的应用。各地区、各有关部门要抓紧建立功能齐全的安全生产监管综合智能化平台，实现政府、企业、部门及社会服务组织之间的互联互通、信息共享，为构建双重预防机制提供信息化支撑。要督促企业加强内部智能化、信息化管理平台建设，将所有辨识出的风险和排查出的隐患全部录入管理平台，逐步实现对企业风险管控和隐患排查治理情况的信息化管理"。

2019年11月29日，习近平总书记在中央政治局第十九次集体学习时提出"要健全风险防范化解机制，坚持从源头上防范化解重大安全风险，真正把问题解决在萌芽之时、成灾之前"，对双重预防机制建设工作再次提出要求，同时提出"要适应科技信息化发展大势，以信息化推进应急管理现代化"，对应急管理信息化建设作出了要求。很多行业主管部门、省级政府安全责任部门在其安全监管监察范围内推进双重预防机制建设时，往往都将信息化作为一项重要要求。

2020年，国家八部委印发《关于加快煤矿智能化发展的指导意见》，意见指出"煤矿智能化是煤炭工业高质量发展的核心技术支撑，将人工智能、工业物联网、云计算、大数据、机器人、智能装备等与现代煤炭开发利用深度融合，形成全面感知、实时互联、分析决策、自主学习、动态预测、协同控制的智能系统，实现煤矿开拓、采掘（剥）、运输、通风、洗选、安全保障、经营管理等过程的智能化运行，对于提升煤矿安全生产水平、保障煤炭稳定供应具有重要意义"。

2021年6月发布的《安全生产法》要求生产经营单位应加强信息化建设，并对地方人民政府和负有安全监管监察的部门的信息化建设提出了较为具体的要求，如："有关地方人民政府应急管理部门和有关部门应当通过相关信息系统实现信息（生产经营单位重大危险源及有关安全措施、应急措施信息）共享"；"县级以上地方各级人民政府负有安全生产监督管理职责的部门应当将重大事故隐患纳入相关信息系统"；国务院有关部门和县级以上地方人民政府要"建立健全相关行业、领域、地区的生产安全事故应急救援信息系统，实现互联互通、信息共享，通过推行网上安全信息采集、安全监管和监测预警，提升监管的精准化、智能化水平"。政府监管监察部门所建立的这些信息平台，其数据显然来自各生产经营单位，因此就要求生产经营单位原则上应建立科学、方便、高效的现代安全信息平台,其中就包含了双重预防信息系统。对应的,《刑法(十一)》和《安全生产法》都将"生产经营单位不得关闭、破坏直接关系生产安全的监控、报警、防护、救生设备、设施,或者篡改、隐瞒、销毁其相关数据、信息"作为其重要新增变化,为信息系统的使用、数据真实性等提供了法律保障。

2022 年 8 月,为深入贯彻落实党的十九届五中全会精神,持续推动矿山安全治理机制和治理能力现代化,应急管理部、国家矿山安全监察局组织编制了《"十四五"矿山安全生产规划》,研究提出了"十四五"时期矿山安全生产工作的指导思想、规划目标、主要任务和重大工程,其中在提升基础保障能力章节,明确提出"以矿山安全生产标准化管理体系为平台,推动风险分级管控和隐患排查治理双重预防机制建设。实现矿山双重预防机制建设和安全生产标准化管理体系有机融合。建立全国双重预防机制管控信息系统。"

因此,按照习近平总书记的指示、法律法规的规定,以及各级安全主管部门的要求,生产经营单位应将双重预防机制与双重预防信息化看成企业双重预防机制建设的重要组成部分,是一体两面的工作。

(2)管理信息系统是企业双重预防机制建设的重要内容之一

双重预防机制可视为一个完整的安全管理体系,其长期、有效落地依赖于一个完整的、密切关联的要素体系。这一点在 2021 年修改的《安全生产法》将建设、运行双重预防机制纳入生产经营单位的法律职责后,显得尤为重要。一般而言,建设双重预防机制至少包括:安全生产理念与目标、领导作用及职责、相关机构与职责、安全风险分级管控、隐患排查治理、公告公示、信息平台建设与应用、教育培训和持续改进等。所以,企业建设双重预防机制,对应的管理信息系统建设是其中应有之意。

(3)管理信息系统建设对双重预防机制的意义

管理信息系统利用现代信息技术对业务流程进行重组、优化,提高业务流程效率,简化管理工作,极大方便了管理思想和方法的落地。首先,管理信息系统为安全业务流程重组、优化提供了新的可能,极大提升了企业安全管理的水平。物联网、移动互联网、人工智能等技术的应用,将安全管理逐步推进到智能化阶段,也推动了双重预防机制本身的升级。

其次,双重预防机制流程较多,不同的部门、岗位各有其不同的职责,即使是同一个部门、岗位,在不同的时空背景下需要开展的工作也各有不同。多流程并行的情况下,离开一个强大的管理信息系统,是难以兼顾所有工作的,管理信息系统的计划、提醒、辅助等功能对于双重预防机制的有效运行意义重大。

再次,双重预防机制以风险管控为核心的思路虽然与国际安全管理的思想一致,但与国内很多企业长期以来采用的隐患闭环管理模式有较大的差别,其流程变化较大。任何一个新的管理方法、流程都有一个从不熟悉到熟悉的过程,管理信息系统能够极大减少双重预防机制落地的难度,简化相关人员的工作,有利于双重预防机制的建设和运行。

最后,双重预防管理信息系统的运行情况,直接反映了企业双重预防机制的运行情况,为政府安全监管部门的督促、检查等工作提供了直接的信息,有利于双重预防机制在各行业的快速推广,也为安全监管方式方法变革提供了可能。

需要指出的是,管理信息系统应能够支撑企业的双重预防业务流程,实现业务流程数据在不同部门、角色之间的快速流转,而不能仅仅是一个数据上传、存储的平台。与业务流程同步、反映企业双重预防工作开展情况状态的数据是双重预防管理信息系统的关键,也为未来人工智能等技术的应用奠定了基础。

⁇ 问题举例

这里以不同信息技术应用对于现场风险管控、隐患排查活动的影响为例,说明管理信息系统对于双重预防机制落地运行的重要价值。

(1)纯手工条件下的现场风险管控、隐患排查

没有管理信息系统的情况下,现场检查的治理更多依赖于从业人员的技术能力和责任心,因此能否查出问题、查出什么问题,都是不确定的。

(2)有 PC 端管理信息系统条件下的现场风险管控、隐患排查

PC 端可以使检查人员在去现场检查前,大致了解当前各生产场所的问题,可以打印出来支持现场管控和排查工作,在一定程度上实现了"人找信息"。

(3)有移动端管理信息系统条件下的现场风险管控、隐患排查

移动终端可以根据检查地点的风险情况、检查人员的管控职责,动态推送需要检查的内容,减少对人员技术能力和责任心的依赖,取得"信息找人"的效果。

（4）未来全面智能化管理信息系统的设想

未来,如果视频识别、人工智能、可穿戴设备在可靠性、成本等方面突破大规模使用节点,将可以直接指导检查人员的工作,随时提供管控和排查信息,彻底变革现有现场安全管理的模式。

2. 双重预防信息平台的作用是什么?

? *问题描述*

为推动双重预防机制在企业不断深入发展,有效发挥双重预防机制在企业安全管理工作中的作用,需进一步构建双重预防机制信息平台,利用信息化系统指导生产经营单位双重预防工作机制建立和运行。根据生产经营单位开展双重预防机制的实际工作流程及应用需求,实现以物联网、大数据、人工智能、移动互联等作为技术支撑,依托传感装置、自动控制器、定位装置等设备联合网络、软件等,形成能够主动感知、自动分析的信息平台,覆盖并规范风险辨识、评估及管控,隐患闭环管理等全过程的信息化建设。

信息平台将采集到的数据和模型计算结果进行可视化展示,包括基础数据信息、风险分析信息、隐患、"三违"多维分析以及基于 GIS 地图的区域综合态势监测预警等,同时平台具备统一访问入口、个性化功能定制等辅助功能设计。为更大限度地发挥系统优势,系统权限管理为用户提供权限范围内的信息资源、功能模块,满足企业从业人员、监管部门人员、集团公司管理人员等实时、按需访问的安全生产管理信息获取需求,提高工作效率。

? *问题辨析*

双重预防信息平台的作用:

（1）规范双重预防业务开展流程,提高安全管理工作效率

双重预防机制建设涉及流程复杂,业务数据种类繁多,数据增长速度快、变化多,信息平台能够有效实现对双重预防各环节的规范管理,包括信息采集、过程追踪、信息记录、统计分析等操作,促进安全生产领域工作与信息化管理的高度融合,确保生产经营单位开展双重预防机制工作的时效性、便捷性与规范性。

（2）实现企业各部门、各层级间信息互联互通,提高信息传递效率

双重预防机制的建设与运行涉及大量的信息交互过程,信息平台涵盖双重预防各业务流程的全过程管理,为负有不同双重预防职责的组织机构

提供资源共享平台。信息平台基于各部门、人员工作任务的制度文件要求建立，对双重预防工作的执行情况进行全过程留痕管理。

（3）通过自动化数据分析辅助决策支持，提升综合态势感知和监测预警水平

信息平台帮助企业提高对安全生产管理数据的整合分析水平，将采集到的关联信息进行融合并分析处理，实现安全态势的综合评估与动态更新，为智能化监测预警提供科学的决策依据。

（4）推动落实安全生产主体责任，保障从业人员生命和财产安全

双重预防机制涵盖了企业安全生产主体责任的主要内容，通过信息化、智能化手段，实时动态掌握安全生产主体责任落实情况，为保障从业人员生命财产安全发挥积极作用。

3. 智能化建设为双重预防机制建设带来了什么机遇？

❓ 问题描述

近年来随着信息技术、自动化技术、智能化技术等的快速应用，很多行业产业升级如火如荼，即使是煤炭这样的传统产业，也在快速向智能化迈进。智能化建设投资巨大，能够在很大程度上实现对企业运行过程的透明化掌握、管控，那么双重预防机制应如何在智能化建设基础上升级呢？

❓ 问题辨析

风险分级管控的关键，除了提前知道静态风险的大小，进而科学确认管控职责和要求外，还能进一步掌握风险的动态变化；隐患排查治理需要及时发现风险管控失效情况，才能在最短时间、以最快速度完成隐患治理工作，减少事故发生的可能。显然，智能化建设将极大提升企业对各危险因素状态的掌握程度，能够更加及时、准确地了解各相关属性的变化情况，从而为采用大数据方法对风险水平进行实时评估，对隐患进行超前预测提供了可能，从根本上提升了双重预防机制的效果。企业对生产过程状态的掌握情况是一个不断深化的过程，无论企业智能化建设开展到什么程度，都较之前掌握了更多的数据，而这些数据大多可为安全生产提供信息，使安全管理人员对安全生产的理解和掌握更加深刻。因此，无论企业智能化建设达到什么样的水平，都可以，而且也应该考虑在其基础之上开展智能化双重预防机制和信息系统的探索。

智能化双重预防机制是建立在对企业主要危险因素透彻感知、泛在互联、智能决策基础上的安全管理体系,其每一个流程都与智能化软件或应急技术紧密结合,将安全管理进一步推进到精准、主动管理的层面。智能化双重预防机制流程与智能化结束的结合如图 6-1 所示。

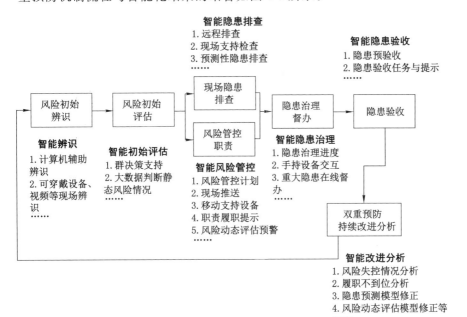

图 6-1　智能化双重预防机制逻辑

如智能化技术深入应用,相关数据库不断完善后,可以借助软件或硬件设备开展辅助辨识,提高辨识的效率和质量。

(1)软件辨识:根据本企业前期风险辨识结果或其他企业风险辨识、管控的结果(需要同类型、同集团企业),在风险辨识时,计算机可根据风险信息自动推送可能的管控措施,推荐风险等级。风险辨识人员只需要根据以往经验,选择确认或进行少量补充即可。

(2)硬件辨识:风险辨识人员可借助智能化眼镜、视频摄像头等设备,在现场识别需要辨识的危险因素,并自动推送管控措施,根据该危险因素的历史数据建议风险的等级,减少人工工作量。

除了风险辨识环节,其他风险评估、管控责任确定、风险管控、隐患排查、治理督办、隐患验收和双重预防改进分析,都可以与智能化技术相结合,从而完全改变现有的双重预防机制流程。

[?] *问题举例*

技术的变革会推动方法、流程的变革,甚至会改变工作的目标和指导思想,如双重预防机制在没有现代信息技术支持的情况下,更多的只能是通过双重预防机制基本原理实现对风险的主动管控,即:提前辨识企业存在的静态风险,并以此分配各部门、岗位的风险管控职责,避免"想不到、管不到、管不住"的问题,其主动管控体现在预先对存在的风险做到心中有数,及时予以动态关注。但关注的周期往往难以科学确定;在没有被关注到的时间段,危险因素的状态不清楚;查到隐患后,该隐患已经存续了一定时间等,都是没有现代信息技术支持下,双重预防机制难以解决的问题。当智能化技术应用后,可以进一步提高安全管理的主动性,实现对风险的精准、及时管控,在取得更好效果的前提下,降低各方成本。

这里以风险现场管控为例进行说明:

没有智能化技术应用的情况下,现场安全风险管控只能是根据计划对各风险点进行检查。在检查过程中,各风险管控人员根据自身的风险管控职责,确认经过风险点中与自身有关风险的管控情况。如果管控到位,直接进行记录,如果管控不到位形成隐患,下发责任单位进行整改。

在智能化技术得到良好应用的情况下,智能化双重预防管控平台能够对各危险因素的检测属性指标值进行动态采集,并通过智能化算法判断各危险因素当前的管控状态、相关风险的大小以及未来的变化趋势。当算法准确性达到一定程度,企业就会根据算法预测信息对相关危险因素的管控措施进行预防性维护、加固,从而避免隐患真正出现。对于管控措施失效概率较大但难以准确判断的风险,通过提前制定的主动的风险管控任务,保证风险管控力量的投入与实际风险变化情况保持一致。这种主动性较没有应用智能化技术情况下的主动性更强,效果也更加突出,资源消耗更少,大幅度提升了企业的安全治理效能。

4. 双重预防管理信息系统为什么用不起来?

[?] *问题描述*

有些企业采购了双重预防管理信息系统,但在实际中感觉用不起来,觉得太复杂了,但出于上级单位、政府的要求或资产管理的原因,一些企业被迫定期或不定期往管理信息系统中录入数据,甚至个别企业还指定了专门负责数据录入的人员,感觉不但对实际工作没有帮助,反而带来了负担。少数比较激进的人甚至根据自己身边的或看到的情况,认为管理信息系统建设是双重预防机制建设中最大的形式主义。

？ 问题辨析

首先需要明确的是,双重预防管理信息系统是企业建设双重预防机制的重要组成部分,也是未来安全管理的必然发展方向,绝对不是形式主义。

双重预防管理信息系统是双重预防机制落地的有效工具,也是双重预防机制运行效果的主要标志之一,但在一些企业中也确实遇到了使用难度大的问题。企业的双重预防管理信息系统没有用好,不应成为否定它的理由,而应找到问题出现的原因,有效予以预防、解决。

双重预防管理信息系统没有有效运行的原因主要包括以下几方面:

（1）员工对双重预防机制不理解,不愿改变原有管理方法

出于对本企业现有安全管理水平有信心,或对安全生产重视度不足等原因,一些员工对于为什么要建设双重预防机制、双重预防机制对安全的作用、双重预防机制究竟是什么等不了解,也不愿意了解,在工作中对双重预防机制持负面看法,甚至采取消极抵制的态度,而管理信息系统则成为其抵制的最主要对象。

（2）双重预防管理信息系统与员工原有工作习惯不一致,不愿意使用

有些企业长期以来都采用手工流程、纸质文档进行安全管理,虽然效率较低,难于汇总统计,但一些年纪较大的员工对这些流程较为熟悉。双重预防管理信息系统将大量信息数字化,而且有些数据录入接口较为复杂,工作量比较大,因而使得很多员工不愿意使用。

（3）双重预防管理信息系统与企业安全管理流程不一致,无法使用

部分企业实施双重预防管理信息系统只是为了满足政府或上级部门的要求,采购一些标准流程的成品管理信息系统软件,而自身的安全管理方法和流程又没有与标准流程保持一致,导致现实中的业务无法在信息系统中运行,更谈不上提高流程效率。很多企业管理信息系统采购后就被废置,主要就是缘于这个原因。

（4）企业所采用的双重预防管理信息系统功能有欠缺,不方便使用

双重预防机制建设对于很多企业而言是一个非常新的事物,基于企业

安全管理之上的双重预防管理信息系统就更加缺乏经验。因此，一些企业在自行开发或与软件企业合作进行管理信息系统研发时，往往难以考虑到所有因素，甚至信息系统本身设计不符合双重预防机制的科学原理，从而给实际应用带来了阻力。中国矿业大学安全科学与应急管理研究院研发的双重预防信息系统，仅2018—2019年就先后修改各种大小问题、优化大小功能2 200余处，极大提升了实用性。

（5）双重预防管理信息系统里面没有数据，缺乏维护制度和人员

虽然看起来都是软件，双重预防管理信息系统与大家熟悉的手机App有巨大区别，其中一个重要区别就是：管理信息系统服务于组织管理的信息系统，改变业务流程中数据流向或加快数据流速，创新管理方法，提高管理效率。显然，管理信息系统中的各种数据是组织各种流程能够进行的基础，而技术人员开发的双重预防管理信息系统往往是一个空的系统，缺乏各种基础数据。为了支撑流程，相关人员必须要对管理信息系统进行数据初始化，并保证数据与实际情况始终保持一致，持续更新。但在实际中，很多企业并没有意识到这个问题，在制度和人员职责上都缺乏考虑，导致系统随着时间的推移，日益与实际脱节，逐渐被废弃。

从上述解释可知，双重预防管理信息系统建设并不是形式主义，其对于双重预防机制落地，降低成本、提高效率具有重要的意义。很多企业花费了大量金钱和精力，管理信息系统始终没有运行起来，并不是不该建设管理信息系统，恰恰相反，而是其管理信息系统建设不到位造成的。企业应在双重预防机制建设中，统筹管理信息系统工作，注意避免可能导致双重预防管理信息系统用不起来的问题出现。

💬 *问题举例*

这里以某个企业双重预防管理信息系统建设失败的过程为例，说明为什么双重预防管理信息系统可能在企业中用不起来。

某企业是一年产150万吨的井工煤矿，由于地方安全监管部门和煤矿安全生产标准化对双重预防机制的要求（这里统称双重预防机制，实际上两者有一定的区别，本问题中不做区分，不影响问题说明），企业决定进行双重预防机制建设，并同步进行管理信息系统建设。企业领导对该项任务非常重视，责成总工程师和安全副总经理两人共同负责该项工作。对于资金和人员，企业也给予了充分的保障，不但通过招标的方式花费48万采购了一套管

理信息系统,而且专门选派两个年轻人去学习软件的使用。

双重预防机制建设完成后,企业将年度风险辨识结果导入管理信息系统,并在管理、技术人员中开展了关于管理信息系统使用的专题培训,但该系统的使用人员始终非常少。两个年轻人制定了管理信息系统使用文件,向上级领导反映了管理信息系统的使用情况,都没有起到显著的作用。很多员工反映不会用,少数人觉得太难,在现场没法用。在多次联系厂商修改,情况依然没有根本性改变的情况下,为了应对外部检查,两个年轻人只得每天录入几条隐患排查信息,自己用不同的账号角色完成闭环。公司领导过问几次后,渐渐也失去了信心,不再关注管理信息系统的使用情况,该系统很快就被束之高阁。

5. 风险管理如何借助信息化实现落地?

❓ *问题描述*

就管理模式而言,风险管理相较以往的事故型和缺陷型管理更为复杂、系统、专业,业务人员和职工较难掌握和使用,具体体现在风险辨识评估和风险管控手段。

❓ *问题辨析*

(1)风险辨识评估

在借助于系统软件的前提下,风险辨识评估宜在线开展,研发多种辨识、评估方法,满足不同企业、不同类型风险辨识评估;宜建立风险基础数据库,辨识过程中与具体风险点相结合进行管理,辅助风险辨识评估,降低辨识评估难度,提高辨识评估效率;宜建立在线风险审核流程,由专职人员负责风险审核,提高风险辨识评估准确性。

(2)风险管控

风险管控根据需要设置风险管控责任人员、监管人员及相应的检查频次,设置权限应根据管控层级不同下发给具体负责的单位。

❓ *问题举例*

某机械制造厂有一处车间,采用经验分析法和作业危害分析法开展了风险辨识,分别辨识出了锯床设备存在的安全风险,以及在有人操作情况下作业过程中可能存在的安全风险,并使用作业条件危害性评价法评估了各风险等级。在信息系统内根据该车间风险管控需要,设置了风险管控责任人员和检查频次,系统定时向责任人员手机 App 推送风险管控任务信息,提醒及时管控,检查风险管控措施是否落实。

6. 系统如何实现风险隐患联动?

在当前一些企业使用运行的双重预防管理信息系统中,安全风险分级管控和隐患排查治理业务逻辑上没有衔接,风险和隐患数据是相互独立的,即使通过录入的隐患反向关联风险,也仅能用来统计风险失控情况,无法实现风险隐患联动分析预警,发挥风险管理在企业安全管理中源头治理的作用。

❓ 问题辨析

(1) 风险隐患关联分析

按照双重预防机制逻辑内涵要求,风险分级管控是实现安全关口前移的重要手段,必须使用并发挥好这一手段。具体到系统设计,建立矿级领导、各职能科室、区队以及各层级管理人员责任风险管控清单,通过现场查看各项风险管控措施是否落实到位,不到位的跳转录入相应隐患,实现风险管控向隐患排查治理工作的转变;通过隐患治理、原因分析,完善风险管控措施,补充辨识新增风险,风险分级管控和隐患排查治理两项工作可做到紧密关联、相互促进。

随着工业互联网发展,信息系统集成技术在企业信息化建设中应用得越来越普遍。企业双重预防管理信息系统通过接入安全监测监控系统、供电系统、矿压和微震系统、水文监测系统、人员定位系统、供电系统、自动化系统等,可实现人、机、环等安全数据的全面采集、分析、展示。运用系统集成手段,可把采集的数据应用于风险隐患数据关联。具体说来,即把整合接入的系统与安全风险相应的管控措施进行关联,例如:可把顶板离层系统与顶板控制措施进行关联,如果在日常管理中,顶板离层系统出现报警情况,即生成一条与顶板风险控制措施关联的隐患。

(2) 风险隐患联动预警分析

在风险和隐患关联以后,如何实现联动预警呢?在系统中,安全风险状态初始阶段都是蓝色(四级预警),如在检查过程中或者采集到其他集成系统的报警数据,导致风险失控产生隐患时,根据管控措施失控数量或产生的隐患数量、等级等规则,系统自动调整风险状态(红、橙、黄,即一级预警、二级预警、三级预警),实现风险预警,提醒工作人员及时处理。

在隐患治理验收通过后,系统自动消警,风险回归原始状态(蓝色,四级预警)。后期,系统继续监控风险状态,循环执行以上联动预警动作。

[?] *问题举例*

某矿 20106 工作面在年度安全风险辨识工作中辨识了水灾风险,针对该风险制定了"回采时密切观察出水情况,及时加强排水能力"的措施,工作面配备了两台排水量均为 20 m^3/h 的潜水泵,形成了完善的排水系统。并且,在双重预防管理信息系统中,该措施已和水文监测系统关联。

某日,在回采过程中,工作面前方煤层遇断层构造带,出现顶板淋水和底板涌水量增大情况,工作面涌水量已上升至 60 m^3/h。其间,水文监测系统发出涌水量预警信息,双重预防管理信息系统中该条风险状态值升至红色预警(一级)。在矿级领导协调下,区队紧急配备了一台 100 m^3/h 的大排量潜水泵,迅速控制住了灾情,隐患得到有效治理,系统中安全风险状态自动回归到蓝色预警(四级)。

7. 系统如何实现风险、风险点和矿井预警?

[?] *问题描述*

当前在一些煤矿使用的双重预防管理信息系统中,风险、风险点和矿井预警规则五花八门,如何实现精准预警,规则如何设置,成为煤矿企业较为关注的点。

[?] *问题辨析*

探讨预警规则的前提是,煤矿双重预防管理信息系统已集成安全监测监控系统、供电系统、矿压和微震系统、水文监测系统、人员定位系统、供电系统、自动化系统等。并且在双重预防管理信息系统中,安全风险管控措施可与人为排查的隐患、系统报警数据实现关联。

预警规则总体思路是:无论是通过人的监控还是其他系统的监控发现的隐患,系统只关注结果,而不关注其来源渠道;隐患的存在,反映了管控措施失效后,安全风险当前的安全状态(危险程度),因此,可由安全风险状态推演到煤矿风险点乃至矿井整体的综合安全态势。

(1)风险预警

风险预警应与管控措施落实情况紧密相关,通过产生的隐患数量、等级(仅统计隐患排查录入系统后,到验收通过之前的隐患)设置预警规则,规则配置表见表 6-1。

表 6-1 风险预警规则配置表

序号	隐患数量、等级	风险状态	预警等级
1	存在一条及以上重大隐患	红色	一级预警
2	存在一条及以上 A 级隐患	橙色	二级预警
3	存在一条及以上 B 级隐患	黄色	三级预警
4	存在一条及以上 C 级隐患	蓝色	四级预警

本配置表的设计思路和原则是,对于 C 级以及现场整改的隐患不预警,对于 A、B、C 级隐患不累计数量形成升级预警(如两条及以上 B 级隐患升级为橙色,两条及以上 A 级隐患升级为红色),降低风险规则配置复杂程度,为煤矿人员快速建立起风险预警等级与隐患等级的对应关系。

在消警处理方面,与该风险关联的隐患在系统中验收通过后即可自动消警,风险状态回归到蓝色初始状态。

该预警配置表仅供参考,企业可根据自身安全管理模式进行调整。

(2)风险点预警

风险点预警同样通过产生的隐患数量、等级(仅统计隐患排查录入系统后,到验收通过之前的隐患)设置预警规则,规则配置表见表 6-2。

表 6-2 风险点预警规则配置表

序号	隐患数量、等级	风险状态	预警等级
1	存在一条及以上重大隐患	红色	一级预警
2	存在两条及以上 A 级隐患	红色	一级预警
3	仅存在一条 A 级隐患	橙色	二级预警
4	存在两条及以上 B 级隐患	橙色	二级预警
5	仅存在一条 B 级隐患	黄色	三级预警
6	存在五条及以上 C 级隐患	黄色	三级预警
7	仅存在一条至四条 C 级隐患	蓝色	四级预警

风险点设计的思路和原则是,限制三级预警数量和次数,减少不必要的

预警,防止因黄色预警数量多造成人员安全意识麻木、迟钝。

（3）矿井预警

矿井预警可在风险点预警的基础上通过叠加风险点预警信息进行相应预警,具体规则配置见表 6-3。

表 6-3　矿井预警规则配置表

序号	不同状态风险点数量	矿井风险状态	矿井预警等级
1	存在一个及以上红色风险点	红色	一级预警
2	存在两个及以上橙色风险点	红色	一级预警
3	仅存在一个橙色风险点	橙色	二级预警
4	存在一个及以上黄色风险点	黄色	三级预警
5	存在一个及以上蓝色风险点	蓝色	四级预警

8. 双重预防机制移动平台在运行中如何发挥作用?

[?] *问题描述*

为保障企业安全管理工作的有效落实,同时顺应行业信息化智能化的发展趋势,企业逐步建立了双重预防管理信息平台,认为能够满足企业工作人员实时获取井下安全信息的需求。

[?] *问题辨析*

传统企业安全双重预防信息系统主要依赖于 PC 端,在灵活性、实效性、便携性等方面存在明显不足,从业人员无法随时随地获取相关信息满足企业更多的需求。随着 5G 通信技术及通信质量的日益成熟和高速发展,移动终端的普及程度得到大幅度提升。为提高工作效率,实现移动信息化,在综合考虑系统的时效性、安全性和功能性基础之上,应进一步整合与创新现有系统平台,建立相应的移动端平台。

双重预防机制移动端应具备风险管控措施不到位或失效自动跳转至隐患录入界面、隐患排查任务和预警信息接收、现场隐患排查情况实时上报及隐患治理全程跟踪等功能。移动端录入信息可自动流转至责任单位、责任人,提高了隐患及"三违"治理的及时性和时效性,责任人员通过移动端接收任务,并按照要求进行落实,通过人员定位等方式,及时上报发现的问题包括完成隐患整改的全流程管理。信息平台同步接收移动端任务完成情况、隐患闭环管理情况并进行跟踪监督、统计分析和考核管理等，对异常信息进行分析预警并将预警信息发送至移动端。

❓ *问题举例*

某企业为提高双重预防业务处理效率，更好地满足安全生产需求，同时考虑行业特点，开发了全面涵盖安全生产和管理功能的双重预防机制移动平台，将现有双重预防系统平台与移动终端相结合，进一步加快信息化、智能化建设步伐，如图6-2所示。

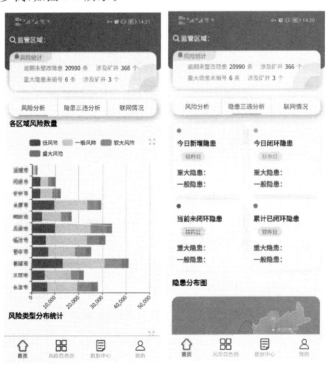

图6-2　双重预防机制移动端App

移动端可实现监管区域风险、隐患、不安全行为的多维度统计分析及查看；实现对隐患闭环全过程的跟踪管理，包括针对逾期未整改隐患、重大隐患未销号的滚动提醒；实现企业风险分布区域和管控情况的跟踪分析和详情查看等。

各级人员可通过手机App自动接收隐患排查和风险管控任务，隐患排查内容清晰、要求明确,并可快速登记并上传发现的隐患,跟踪隐患闭环的全流程管理,大大提高员工的工作效率。结合智能移动平台,可及时发现企业安全管理薄弱环节,加强相关方面的预警管控,极大方便了企业人员的工作,提高了查看安全生产态势的实时性和可靠性。

9. 如何减少管理人员数据录入工作量以提升双重预防机制运行效率?

[?] *问题描述*

自双重预防机制提出以来,各企业相继开始探索双重预防机制建设,并建立了相应的双重预防信息化管理平台并投入运行,双重预防信息化管理平台建立之后实现了双重预防机制信息化运转,提升了双重预防机制运行的效率,但在运行过程中也不难发现,大量的信息采集录入给各级管理人员也增加了一定的工作量,如何给安全管理人员进一步"减负"成为信息化建设过程中亟待解决的问题。

[?] *问题辨析*

为进一步提升双重预防机制运行效率,可考虑从两方面入手:

(1)采用人工智能技术,实现机器代替人劳动,通过机器自动识别、分析、上报相关数据。

(2)在考虑人工智能技术介入的同时,可以考虑在风险、隐患数据达到一定数据量的基础上,对风险和隐患数据进行标准化处理,供企业管理人员进行"点选+编辑"模式录入,以提升信息化系统运作效率。

[?] *问题举例*

(1)人工智能技术

通过监测监控系统自动采集监测指标数据,当指标数据超限时可自动判定为隐患上报系统,或采用 AI 智能识别实现对不安全行为识别抓拍。

(2)数据标准化

① 风险数据标准化

根据企业实际情况,建立适配于本企业的风险数据库(如掘进工作面瓦斯突出、采煤工作面瓦斯爆炸、采空区火灾等风险),按照规程及标准制定管控措施,以供风险辨识使用,减少风险辨识工作量。

② 隐患数据标准化

建立隐患标准化数据库,存储隐患类型、隐患描述、隐患专业、隐患等级等信息,在隐患排查过程中可采用"点选＋编辑"模式实现隐患采集录入。

③"三违"数据标准化

建立"三违"标准化数据库,存储"三违"类型、"三违"级别、"三违"描述等信息,在发现并确认"三违"行为后可采用"点选＋编辑"模式实现"三违"信息采集录入。

10. 企业双重预防信息化系统建立后,如何推动系统高效运行?

❓ 问题描述

企业根据需要建立双重预防信息系统,但是部分企业双重预防信息系统运行与实际工作步调不一致,那么企业双重预防信息化系统建立后,如何推动系统高效运行?

❓ 问题辨析

多数企业已经建立了双重预防信息化系统,但信息化系统运行与日常双重预防工作开展有差距,部分企业不知道如何对信息化系统进行管理,基层人员对双重预防系统使用较少。将双重预防产生的大量资料、数据上传工作全部交给专职风险、隐患工作的管理人员,造成劳民伤财,这是与双重预防信息化意愿相违背的。究其原因主要是企业对双重预防系统的有效管理还没有落实到位,基层工作人员不知道如何操作信息化系统。如何改变这一现象,真正将双重预防信息化系统有效运行? 首先企业的各级管理人员要高度重视双重预防信息化系统,在信息化系统建成后,及时组织系统操作的培训班,确保覆盖全部需使用信息化系统的人员。其次是创造信息化系统使用的便利条件,为相关人员开通账号、配备工作电脑。最后是加强信息化系统的奖惩考核,将信息化系统的使用纳入部门及个人的考核中,由专人负责监督、统计所需上传的资料、台账、记录,确保信息化系统高效运行。

❓ 问题举例

L企业××年××月双重预防信息化系统建立完毕,首先企业主要负责人、分管安全负责人安排双重预防部门组织开展信息化系统使用培训,邀请厂家人员进行授课,培训范围涵盖了所有信息化系统使用的部门、人员,通过培训,全体人员掌握了信息化系统的操作流程。在相关部门电脑满足信息化系统使用的情况下,在矿灯房集中配置了20台电脑并安装了双重预防信息化系统,方便检查人员升井后及时录入管控措施、新增隐患的检查情况。双重预防部门制定了《L企业××年双重预防信息化系统使用管理办法》，明确了安全风险分级管控、事故隐患排查治理中要求的相关资料全部通过信息化系统进行统计、考核，并制定了相应的奖惩条件，双重预防部门每天对检查人员入井排查的管控措施、新增隐患录入、整改、验收情况进行通报，每月对其余相关资料的上传情况进行通报，每季度进行奖优罚劣。通过采取以上措施，L企业××年双重预防信息化系统运行良好，各类资料、数据保存完善，推动了L企业安全高效发展。

11. 双重预防机制信息化建设要注意什么问题？

[?] *问题描述*

企业在建立双重预防机制信息化平台时，思路仅局限于风险点和隐患的录入，形成类似台账性的系统。

[?] *问题辨析*

上述做法是错误的，双重预防机制建设既产生又依赖大量安全生产数据，要克服纸面化可能带来的形式化和静态化，利用信息化手段保障双重预防机制建设显得尤为重要。要利用信息化手段将安全风险清单和事故隐患清单电子化，建立并及时更新安全风险和事故隐患数据库；要绘制安全风险分布电子图，并将重大风险监测监控数据接入信息化平台，充分发挥信息系统自动化分析和智能化预警的作用。要充分利用已有的安全生产管理信息系统和网络综合平台，尽量实现风险管控和隐患排查信息化的融合，通过一体化管理避免信息孤岛，提升工作效率和运行效果。

[?] *问题举例*

某企业为了提高安全管理水平，在政策的引导下，建立了本单位的双重预防机制以及信息化系统，但是由于该企业的安全管理基础较为薄弱，管理层及员工对自身责任的履行意识不强，导致系统的使用成为电子化台账，仅仅在系统内录入风险和隐患台账，风险的等级监测、落实情况都在静止状态。同时该企业的其他办公系统软件也有隐患录入的功能，但两套系统数据不相通，导致大量录入工作重复，该企业建立的双重预防机制信息化系统非但没有在实际管理过程中发挥作用，提高安全管理水平，反而大大增加了工作人员负担，适得其反。

12. 建设双重预防监管监察平台效果及作用有哪些?

❓ 问题描述

有些安全监管人员认为,政府安全监管部门已经有了一些安全监管的平台,能够实现对一些重要的信息直接采集和监控,不需要额外再建设面向双重预防监管的信息平台了,感觉也起不到太大的作用。

❓ 问题辨析

省级双重预防监管监察信息平台一方面作为双重预防信息化建设的龙头牵引,在推进省内煤矿双重预防机制建设落地的同时,也是对双重预防信息化建设提供规范指引;另一方面通过省级监管监察平台获取双重预防运行的相关数据,分析研判安全生产主体责任的落实情况,包括安全风险辨识的主体责任是否落实、重大安全风险是否有效防控、隐患闭环治理的工作是否完善等。

省级双重预防监管监察信息平台可为监管部门创新监察方式方法提供有效工具。近年来,从国家层面到地方政府都在积极推进安全监管监察的信息化建设,从系统联网到推进监管监察执法系统的升级完善,都是对创新监管监察方式方法的有效尝试。监管监察部门面对地区众多企业,去哪查、查什么、怎么查,要有依据、有目的,省级双重预防监管监察信息平台可从全省企业的安全管理方面,通过分析风险、隐患、"三违"等安全管理数据信息,分析研判地区或企业的重大安全风险分布和隐患特点,为配置地区执法力量提供数据支持,做到科学精准编制执法计划,同时在安全管理数据的基础上,后期可接入监测监控系统或人员定位系统等感知数据,做到管理数据和感知数据之间的互证互查,为远程监察执法奠定基础,力争把安全风险化解在源头,牢牢把握工作主动权。

❓ 问题举例

双重预防机制是涉危企业安全生产的重要防线,现如今双重预防体系也被写入《安全生产法》中,成为法律对企业安全生产主体责任的要求之一。为强化煤矿重大安全风险管控的手段,推进煤矿安全治理体系和治理能力现代化,原国家煤矿安全监察局下发了一系列信息化建设指导意见,包括加快建设煤矿安全风险监测预警系统,不断提升煤矿安全监管监察的信息化、网络化、智能化水平,有效防范化解重大安全风险,遏制重特大事故的发生。

省级双重预防监管监察信息平台的建设,首先可实现政府、部门、办矿主体、煤矿之间的数据互联互通、信息共享,为构建双重预防机制提供信息化支撑,保障煤矿企业构建双重预防体系的主体责任得以落实,满足相关法律法规、标准文件的要求。其次,该平台的建设契合《"十四五"矿山安全生产规划》目标任务,依靠现代化信息技术,为安全监管部门提供主动监管的途径,提高安全监管监察效能,促进煤矿安全治理体系的变革完善,提升煤矿安全治理能力的现代化水平。

13. 双重预防机制如何实现智能化?

[?] *问题描述*

自 2016 年双重预防机制提出以来,各企业相继开始进行双重预防机制及信息化建设,目前各行业特别是煤炭行业已基本全面建立起了双重预防机制,并实现了信息化运转。

2020 年 2 月 25 日,国家发改委、能源局等八部委,联合下发《关于加快煤矿智能化发展的指导意见》(发改能源〔2020〕283 号),提出到 2035 年,各类煤矿基本实现智能化,构建多产业链、多系统集成的煤矿智能化系统,建成智能感知、智能决策、自动执行的煤矿智能化体系。2021 年 6 月,国家能源局、国家矿山安全监察局联合下发《煤矿智能化建设指南(2021 年版)》通知,并于 2021 年 12 月制定了《智能化示范煤矿验收管理办法(试行)》,在安全监控系统建设部分提出明确要求。煤矿安全智能化建设势在必行,那么作为安全管理的重要部分"双重预防机制"如何在信息化建设的基础上再一次实现"智能化"升级呢?

[?] *问题辨析*

双重预防机制的核心是安全风险分级管控和隐患排查治理,那么双重预防机制"智能化"实现应从风险和隐患两个要素入手,同时要实现对"不安全行为"的智能化管控。

(1) 风险研判及管控智能化

当前企业的风险研判辨识多为人工辨识,通过经验分析等手段辨识企业存在风险然后对风险等级进行评估并制定相应管控措施进行管控,可考虑借助智能化手段实现计算机辅助辨识,如煤矿企业首先通过计算机采集矿井地质条件、采掘接替计划、矿井瓦斯等级、煤尘爆炸性、冲击地压倾向性等矿井基础信息,然后在系统中配置根据安全生产经验建立的风险库,系统通过简单的算法就可以辨识出矿井存在的风险并推送出相应的管控措施,实现风险研判智能化;另外,在风险管控方面可考虑与人员定位、应急广播等系统进行对接,实现作业场所风险"智能化"告知,辅助风险管控。

(2)隐患排查智能化

在当前双重预防机制信息化运作的模式下,隐患排查治理多为按照清单进行人工排查并进行整改闭环,借助智能化手段,可实现通过机器设备进行隐患自动识别和上报,需对接各监测监控系统,同时在系统中植入隐患判定规则及相应算法,即可实现隐患智能化排查并上报。

(3)不安全行为管控智能化

如在矿井采煤工作面、掘进工作面以及井口位置,采集现场工业视频监控数据,利用 AI 视频智能识别技术,自动发现人员不安全行为,实现日常"线上安全巡查",提高不安全行为发现的时效性和准确性,促进安全管理工作水平提升。

❓ *问题举例*

(1)风险研判及管控智能化

如某矿井为瓦斯突出矿井,根据当前采掘接替计划××年将施工回采1011 工作面,那么根据系统内置的重大风险判定标准,1011 工作面即存在瓦斯突出重大风险,同时系统从风险库中调用瓦斯突出风险管控措施,再从系统中的组织机构及用户数据中选择矿长张×为风险管控责任人。在矿长张×带班下井进入 1011 工作面区域内时,系统自动告知矿长张×此区域内存在瓦斯突出重大风险,需按制定的管控措施进行管控。

(2)隐患排查智能化

通过将双重预防信息管理系统与监测监控系统对接,实现对 1101 工作面风量进行实时监测,如监测数据显示工作面风量不足,则按照煤矿重大事故隐患判定标准系统可直接认定为重大隐患并上报推送给相关人员,然后进行相应处置。

(3)不安全行为管控智能化

通过视频智能分析服务器或边缘计算方式在监控摄像头内植入相应的智能识别程序,即可实现对一些不安全行为的识别,如不戴安全帽、空顶作业等不安全行为,并上报系统。

14. 如何解决双重预防机制信息化建设与煤矿井下区域无网络覆盖的矛盾？

📋 *问题描述*

双重预防机制信息化建设目的是借用信息化手段实现双重预防机制高效运行，提升双重预防机制运行效果，但在煤矿企业双重预防机制信息化建设中面临着网络不能全区域覆盖问题，井下作业环境和地面不同，作业环境复杂且持续动态变化，部分区域无网络，在无网络的情况下如何进行信息化管理？

📋 *问题辨析*

首先，在井下环境实现信息化办公，需要配套手持移动端设备，如防爆手机，需在手机中配置相应双重预防 App 应用，可实现风险清单管理、隐患排查治理、"三违"管理等功能，在有网络的情况下可实现与地面 PC 端同样的功能，针对无网络覆盖区域，需要执行以下操作：

（1）在进入无网络覆盖区域之前，在网络覆盖区域通过 App 操作实现与服务器端数据同步。

（2）在无网络区域进行离线操作，如离线状态下录入隐患及"三违"信息等，隐患及"三违"信息先存储至手机本地。

（3）进入有网络覆盖区域，通过手机 App 内置的数据同步功能，一键同步采集信息至服务器端，实现服务器端数据更新。

以上三点功能实现需要移动端 App 具备数据同步、离线数据采集及数据一键上传功能，且需要配置本安型防爆手机。

📋 *问题举例*

采用 L 公司定制开发的矿用移动端设备（图 6-3），解决了无网络覆盖下

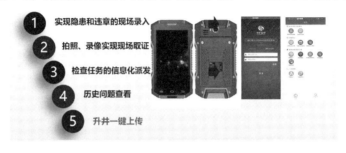

图 6-3　双重预防矿用移动端设备

双重预防机制信息化运行问题。该设备内置双重预防移动 App 应用,可实现风险、隐患、"三违"的信息化管理,支持离线数据采集录入和数据同步及更新,极大减轻了操作人员的工作量。

第七章
双重预防机制建设

1. 企业双重预防机制建设的一般流程是什么？

❓ *问题描述*

安全双重预防机制是根据安全管理规律而提出的系统性管理制度、流程、方法等的集合，其建设要遵循管理机制的一般流程，同时也要结合企业安全生产标准化中的相关要求而展开。在不同的阶段，不同的参与主体的责任、工作各有不同，最终完成整个机制的建设任务。

❓ *问题辨析*

（1）双重预防机制建设一般流程与相互关系

依照管理中的 PDCA（Plan-Do-Check-Act）循环，可将安全双重预防机制的建设过程分成以下七个相互连接的阶段，即：安全双重预防机制的准备与启动、安全双重预防机制建设的规划、初始年度安全风险辨识与评估、安全风险分级管控体系建设、隐患排查治理体系建设、安全双重预防机制信息化建设、安全双重预防机制保障机制和优化。这七个阶段又可分为三个大的阶段：双重预防机制建设的准备与规划、双重预防机制主体建设以及双重预防机制的运行保障。各阶段的关系如图 7-1 所示。

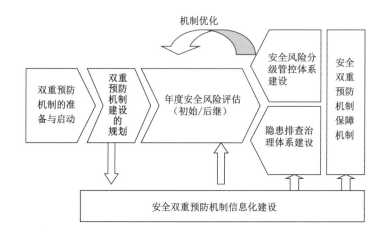

图 7-1 安全双重预防机制建设一般流程组成

整个安全双重预防机制建设工作是一个复杂的、系统性的工作,每一项工作都与前后工作有着紧密的联系。双重预防机制建设的规划对后续工作和信息化建设都提供了指导,界定了后续工作的思路、方法和内容范围等。安全双重预防机制信息化建设则支持年度风险评估、风险分级管控和隐患排查治理双重预防机制的运行,还应将双重预防机制保障机制内化到信息系统流程之中,支持保障机制在企业内部的顺利运行,确保保障机制与双重预防机制的流程有效整合。根据双重预防机制的运行情况和信息化工具的反馈信息,企业可以对从规划开始的整个机制运行和建设过程、结果,进行不断调整、优化,实现整个双重预防机制的持续改善,确保其生命力。

(2)双重预防机制建设的安排

做任何复杂性的系统工作之前,都必须对整个工作的全局有一个较为准确、宏观的理解。因此,企业管理人员应从整体上把握企业双重预防机制建设七个步骤所包含的主要工作,以便后续能够进行科学合理的顶层规划和工作安排,确保所有的工作能够形成一个有机整体。

① 安全双重预防机制的准备与启动

准备与启动阶段是整个双重预防机制建设的开始,包括领导决心下达和前期工作准备等。决心下达主要是企业领导就双重预防机制建设与否以及范围、阶段等,在本企业内部达成一致,并向全体员工传达的过程。

前期工作指的是工作正式开始前,必须要完成的工作,主要是相关资源的准备,如人和物方面的前期准备。人员方面主要是考虑需要有哪些人参与到这个工作中来,如何去找到这些人;物的方面主要是工作资源和信息资源,后者更重要,但也可以只列出目录,机制建设工作正式开展后再详细展开;工作资源包括工作场所、设备,以及相关的政策等;信息资源包括企业现有的安全管理流程、考核制度,集团公司相关的规定,国家和省市正在执行的安全管理法律、法规、标准、文件等。

　　② 安全双重预防机制建设的规划

　　双重预防机制的规划主要明确工作所需的人员、各个参与者的责任,以及整体建设思路和方法等。其中人员确认方面,要明确人员的来源和要求,尤其是企业内部人员的组成和来源;整体建设思路和方法是本部分的关键。

　　整体建设思路是对双重预防机制要达到什么样的目标、如何去做等方面的一个总体原则,包括双重预防机制设计的目标、基本原则、建设逻辑、阶段工作等。整体建设方法包括对本企业内如何对双重预防机制中风险与隐患关系进行划分、如何进行风险辨识任务的分配等内容。整体建设方法的关键可以说是一种对如何开展建设工作的具体顶层设计,即在明确风险与隐患关系的基础上,制定风险辨识的逻辑方法。

　　风险辨识的逻辑方法是指风险辨识时用什么样的基本逻辑划分辨识的范围,以确保所有的风险实现不重复、不漏项有效辨识,同时要便于组织、便于管理。显然,这个工作的关键在于企业领导层,而不是具体的体系建设人员。风险辨识的逻辑方法对于基础风险数据库的质量非常重要,直接影响着前期工作的效率和效果,影响着员工对于整个双重预防机制建设的信心和热情。而当前很多企业对于这个问题却没有引起重视,往往会造成后续工作的被动。

　　③ 初始年度安全风险辨识与评估

　　年度安全风险辨识与评估是双重预防机制的重要定期工作,也是所有工作的依据。年度安全风险辨识的工作应基于一个年度安全风险数据库。企业刚开始建立双重预防机制时,往往没有这个风险数据库(与隐患数据库有所不同),因而应首先建立初始年度安全风险数据库。

　　初始年度安全风险数据库建立是一个比较复杂的工作,耗时耗力,很多企业会花费两到三个月的时间才能完成。该工作的质量和效率一方面取决于员工的素质和对安全风险辨识方法的掌握程度,另一方面,也取决于企业对风险辨识规划的科学性、合理性。一般而言,初始年度安全风险数据库往往会经过两到三轮的审核和修改方能成为企业所有安全工作的基础。

风险评估是安全风险辨识的重要组成工作之一。风险评估的方法很多,每一个评估方法各有其特点,在实践中为了保证数据的可靠性,既可以根据相关的标准、文件确定,也可以由多个专家进行综合评定。

④ 安全风险分级管控体系建设

安全风险分级管控体系是双重预防机制的核心之一,也是最体现其管理创新的关键内容。安全风险分级管控体系建设可以从体系建设维度和业务维度分别进行规划,如图 7-2 所示。

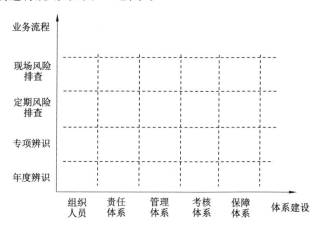

图 7-2 安全风险分级管控体系建设与业务维度

从体系建设角度,包括组织人员、责任体系、管理体系、考核体系和保障体系几个主要方面;从业务流程角度,主要包括年度风险辨识、专项风险辨识、定期风险排查和现场风险排查等几个流程。从整个体系建设角度来说,每一个二维表格中的内容都应该有对应的内容,且涵盖不同的专业和部门,并最终形成一个相互影响、相互支持的有机整体。

⑤ 隐患排查治理体系建设

隐患闭环管理在企业中是传统的安全管理措施之一,也是防止隐患向事故演变的最后防线。正是因为隐患闭环管理是企业常见的安全管理措施,因而在双重预防机制建设时,很多企业往往会对隐患排查治理体系不够重视。双重预防机制中的隐患排查治理与常见的隐患闭环管理在根本上是一致的,如强调基层、强调全员参与、强调闭环等,但也存在一些重要的区别,如:双重预防机制下,隐患排查治理要求进行系统化,要求按照不同等级分别开展,要求重要隐患或治理不力的隐患的督办和升级处理等。与安全风险分级管控体系建设类似,隐患排查治理体系也可以从体系建设维度和业务维度分别进行规划,如图7-3所示。

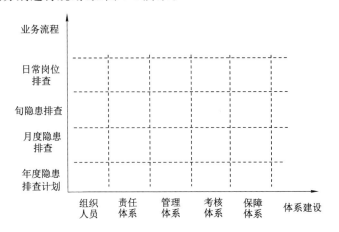

图 7-3　隐患排查治理的体系建设与业务维度

体系建设维度与风险分级管控体系类似,但业务流程梳理为:年度隐患排查计划、月度隐患排查、旬隐患排查、日常岗位排查四个方面。

除了年度排查计划以外,任何一个隐患排查业务都应该包括发现重大隐患时的挂牌督办和隐患升级制度与流程。另外,隐患排查治理的任何一个业务流程类型中,也涉及多个不同的部门和专业,必须要实现全覆盖。不同时间段的排查工作应前后衔接,并与年度隐患排查计划形成呼应关系。显然,双重预防机制中的隐患排查治理与企业现行的隐患闭环有一定区别,更加强调系统性。

⑥ 安全双重预防机制信息化建设

信息化建设是企业管理思想、方法落地执行的最有效手段之一,是管理的使能器和放大器。在企业安全生产标准化中也明确要求对双重预防机制建设中采用信息化手段。

安全双重预防机制管理信息系统是企业安全管理信息系统的一部分,其建设过程遵循管理信息系统建设的一般规律,主要包括:需求调查分析、软件开发与测试、系统初始化与试运行等。由于管理信息系统开发的专业性,企业一般需要与外部专家或集团公司下属信息技术公司共同开发。管理信息系统项目开发管理是企业必须重视的重要工作。此外，一些企业由于所在政府管理部门、监管部门或所在集团公司安全管理部门的要求，会有数据联网共享的需求，则需在信息系统开发之初，在系统规划时便予以考虑，否则后期会带来诸多的困难和无谓的成本。

在进行安全双重预防机制管理信息系统建设时，应注意与本企业安全管理的流程、制度等紧密结合，以确保最终的管理信息系统和企业安全管理实践能够紧密结合，真正成为企业离不开的安全管理工具。

⑦ 安全双重预防机制保障机制和优化

任何一种管理思想、方法在组织内部落地时，都必须要有相关的保障机制跟进才能确保达到理想的效果。保障机制分成几个不同的层面：从思想层面，企业管理者和技术人员、普通员工必须理解双重预防机制的意义和重要性，积极主动参与到体系建设和运行中来；从组织层面，必须按照体系建设和运行要求，指定专门或兼任的人员；从管理基础层面，企业必须要有前期的安全管理规范实践和经验、数据积累等；从管理制度层面，企业必须制定保证和督促员工在日常工作中执行双重预防机制的制度和流程，即考核机制，确保其能够在企业基层管理中落地；从系统性层面，安全双重预防机制的落地不仅仅是某一方面或某一个部门的工作，需要统筹各方的力量，形成合力。

优化主要是指双重预防机制和企业管理实践的结合和不断改善。一方面是风险数据库的不断完善和优化，另一方面是对双重预防机制运作流程、管理制度等根据运行情况进行评审，并根据评审结果对运作流程、管理制度（尤其是考核管理制度）等进行调整，同时将调整的流程和管理制度及时固化到管理信息系统之中。当企业双重预防机制运行一段时间后，管理信息系统中积累了足够的数据，企业便可以通过对数据的分析、挖掘，更深入地优化企业的安全管理和体系运行情况。

2. 双重预防机制属于哪类安全管理模式？

[?] 问题描述

安全管理模式即安全管理的方式方法，双重预防机制包含安全风险分级管控和隐患排查治理，那实践中属于哪类安全管理模式？

双重预防机制的构建目的是预防事故,其内容是安全风险分级管控和事故隐患排查治理,其核心是控制风险演变和防止隐患升级。如果我们明确双重预防机制的主要内容是风险管理和事故隐患管理,那么我们就可以看出,安全管理理论发展的四个阶段(事故理论、危险理论、风险理论、安全原理),双重预防机制包含了 2 个阶段的理论,风险分级管控对应的是风险理论,隐患排查治理对应的是危险理论。

风险理论试图解释人们在面对未来的不确定性时所做的决定。通常情况下,运用风险理论的情况涉及许多可能的世界状态,一系列可能的决策,以及每一种状态和决策组合的结果。该理论根据决策产生的结果的分布来预测决策。

危险理论是以经济和社会生活中的危险成因类型为研究对象,提出了一整套管理手段和标准,论述如何在合理的代价下将意外损失的不利影响降至最低限度,以及对危险的识别、控制等防险、避险等全部活动过程的管理。

从图 7-4 中我们可以看出,安全风险分级管控管理流程从风险辨识评估、风险管控措施制定落实,到风险分级管控;隐患排查治理从发现隐患、隐患分级、制定治理措施进行治理、验收、销号。由此可以认识到双重预防机制是将缺陷管理模式和风险管理模式紧密结合,促进安全管理由标准化规范化向系统化科学化迈进、安全管理理论由危险理论阶段向风险理论阶段迈进,既立足当前又承上启下的重要工作机制。

图 7-4　双重预防机制运行流程

3. 双重预防机制如何助力企业自主安全管理提升?

❓ *问题描述*

近年来,在事故伤害带来的伤痛与政府监管方面的压力下,无数企业纷纷寻找提升自主安全管理能力的途径。那么企业该如何通过建设双重预防机制建设提升自主安全管理能力呢?

❓ *问题辨析*

首先我们分析一下目前企业在安全管理上表现出的特点:传统安全管理主要是行政推动、会议布置、集中整治,从机制等方面决定了其管理滞后于风险变化,结果必然是安全生产处于被动局面。具体表现在:

① 没有建立系统的安全管理体系,没有做到风险超前预控、全过程管理,安全心里没底,处于被动、担心状态;

② 安全生产责任制没有真正落实到位,安全工作依赖于领导、依赖于考核,处于任务式应付状态;

③ 安全监管不严,存在"严不起来、执行不下去"现象;

④ 隐患排查治理未闭环,存在老发现、老治理、老反复的现象;

⑤ 要求多、办法少,处于运动式盲目状态;

⑥ 口头重视多,实际参与少,处于少数人关心的状态。

要从根本上改变当前安全管理的被动局面,就必须将安全管理从"要我安全"推进到"我要安全"的阶段,做到对风险的自辨自控,隐患的自查自改,即实现自主安全管理。

（1）自主安全管理

自主安全管理是指依据自己意愿并通过一定的形式主动控制风险并对结果负责的行为(如指令、计划、协调、控制等)。它是企业、生产经营单位的班组或个人主动履行各自安全生产责任,运用《安全生产法》等法律法规和科技信息协调生产、效益、进程与安全之间的关系。自主安全管理是安全管理的一种形式。

自主安全管理就是自觉主动进行自我安全管理,依靠自身优势或特质,依据安全管理法律法规,利用现有条件,在法律法规、行业规范和企业标准框架范围内,高于前述要求且高度自我约束,自觉履职尽责并能形成自省自纠的持续循环提升式管理。传统意义上的安全管理认为是被动接受式的安全管理,即自上而下单向监管体系,由上级制定管理目标和管理手段,强制执行并伴随惩罚性措施以达到降低或杜绝风险的目的。自主安全管理可以自己制定标准,但并非随心所欲,目标、标准及要求可以高于或严于上级标准,自主管理不能拒绝上级监督检查和考评。

（2）双重预防机制

双重预防机制指的是对事故尤其是重特大事故进行风险分级管控和隐患排查治理。双重预防机制是寻找准确把握安全生产的特点和规律,以风险分级管控为核心,坚持超前防范、关口前移,从风险辨识入手,以风险管控为手段,把风险控制在隐患形成之前,并通过隐患排查治理,及时找出风险控制过程中可能出现的缺失和漏洞,将隐患消灭在事故发生之前。双重预防机制是现代风险管理思想的体现,是从源头上防范事故的一场革命,总结大量事故可以发现当前安全管理上"认不清、想不到"的突出问题。构建"双重预防机制"就是针对安全管理"认不清、想不到"的突出问题,强调安全生产的关口前移,从隐患排查治理前移到安全风险管控。强化风险意识,分析事故发生的全链条,层层分解管控任务,抓住关键环节采取预防措施,防范安全风险管控不到位变成事故隐患、隐患未及时被发现和治理演变成事故。

[?] *问题举例*

企业通过建设双重预防机制建设提升自主安全管理能力,主要有以下几点:

（1）强化安全风险分级管控和隐患排查治理双重预防机制建设

抓好风险管控和隐患排查治理工作,根据作业环境、设备设施、作业活动、人员等变化,及时进行安全风险辨识,明确管控措施,实施动态管理,实现隐患排查、登记、评估、治理、销号的全过程记录和闭环管理,形成安全风险分级管控和隐患排查治理长效机制。

（2）明确双重预防机制建设运行是企业安全工作主线

企业生产经营内外部环境的变化,需要企业持续开展全过程安全风险辨识和评估工作,制定风险管控措施,更新风险分析报告;构建隐患排查治理体系和闭环管理制度,落实检查表内容,加强分级检查,运用信息化手段,及时发现、监控各类隐患,对查出的隐患举一反三,分级管理,杜绝"屡查屡犯"现象,实现对隐患的闭环管理。

（3）进一步完善和提升风险辨识方法、能力

要全面、及时、有效地搜集并统计安全风险信息,提升风险信息识别和

搜集、风险量化评估及分析等方面的能力。

（4）厘清双重预防机制的工作流程

针对年度或专项辨识评估，成立安全风险辨识评估小组→开展安全风险辨识→对辨识出的安全风险进行评估并形成安全风险清单→制定管控措施和重大安全风险管控方案→编制安全风险辨识评估报告→落实管控措施→分级管控（包括定期管控、现场检查和公告警示）。对管控失效的风险则进入到隐患的闭合管理流程，包括登记、整改、验收、销号。具体如图 7-5 所示。

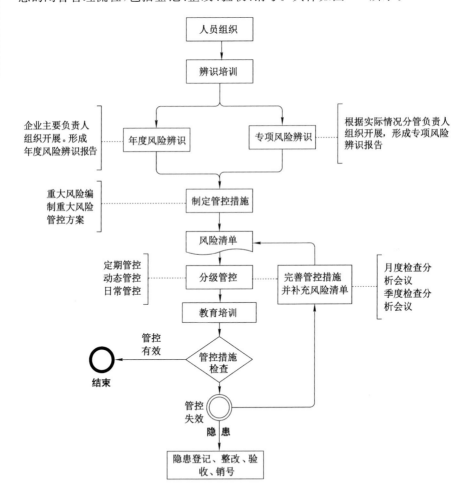

图 7-5　双重预防机制运行流程

（5）安全管理工作体现全员参与、全方位管理、全过程管控

企业应在双重预防机制建设、运行和持续改进的过程中,体现风险辨识、风险管控、隐患排查、培训教育和持续改进等过程中与所有适用层级和岗位的人员的协商和参与,主要包括:开展全员风险辨识评估;风险管控和隐患排查治理工作应涵盖安全管理、生产工艺、设备设施、作业环境、人员行为、作业活动等各方面,贯穿企业生产管理的全过程;确认不同层级、岗位员工的管控责任,开展全员风险管控;落实全员隐患排查责任,开展多种类型的隐患排查活动;开展各类培训活动,使不同层级、岗位的员工得到相关教育;总结双重预防机制建设和运行的问题,听取从业人员的建议、意见,持续改进运行绩效。

(6) 实现双重预防机制信息化建设

双重预防机制要实现全员、全过程、全天候、全方位的安全管理,信息化建设是必经之路。双重预防机制的信息化建设,可有效杜绝安全工作沦为一纸报告,让全员参与成为可能。双重预防机制信息化建设将安全生产主体责任落到实处,进一步夯实提升了企业的自主安全管理能力。

4. 双重预防机制的基本工作思路是什么?

❓ 问题描述

企业在进行双重预防机制建设时,不知道如何开始,要做哪些主要工作。

❓ 问题辨析

如图 7-6 所示,双重预防机制就是构筑防范生产安全事故的两道防火墙。第一道是管风险,以安全风险辨识和管控为基础,从源头上系统辨识风险、分级管控风险,努力把各类风险控制在可接受范围内,杜绝和减少事故隐患;第二道是治隐患,以隐患排查和治理为手段,认真排查风险管控过程中出现的缺失、漏洞和风险控制失效环节,坚决把隐患消灭在事故发生之前。可以说,安全风险管控到位就不会形成事故隐患,隐患一经发现及时治理就不可能酿成事故,要通过双重预防的工作机制,切实把每一类风险都控制在可接受范围内,把每一个隐患都治理在形成之初,把每一起事故都消灭在萌芽状态。

就风险分级管控而言,包含三项主要工作。第一项工作为"风险辨识",辨识风险点有哪些危险因素(这是导致事故的根源)。第二项工作为"评估分级",利用风险评估准则,评估各类风险导致事故的可能性与严重程度,对

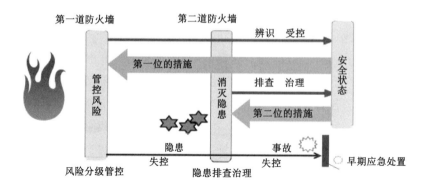

图 7-6 双重预防机制两道防火墙

风险进行分级。第三项工作为"管控",即对不同等级的风险按照不同管控层级进行管控,把风险管控在可接受的范围内。

对于隐患排查治理来说,核心是闭环管理。包含"隐患在哪里""隐患怎么治理""是否真治理了"三个闭环步骤。"隐患在哪里"通过制定年度排查计划,确定排查内容和方式,并培训职工如何进行隐患排查,通过周期性排查以后上报隐患排查记录。"隐患怎么治理":隐患治理必须执行"五落实"(责任、措施、资金、期限、预案)要求,在治理过程需要注意二次风险防范。"是否真治理了"这个步骤通过隐患督办治理、验收销号、隐患治理情况及时公示并接受职工监督,对隐患未按规定治理的单位采取考核管理,确保隐患在规定期限内得到整改。

5. 双重预防机制建设的理念和目标该如何建设?

? 问题描述

任何一种管理体系或机制建设都需要有理念和目标作为基础支撑,那么双重预防机制建设的理念和目标该如何建设呢?

? 问题辨析

(1)理念与目标解析

理念是指生产经营单位树立的双重预防机制基本思想,目标是指生产经营单位制定的风险和隐患具体的控制指标。理念与目标体现了生产经营单位安全生产的原则和方向,用于引领和指导生产经营单位安全生产工作。

(2)理念与目标特性

理念应体现以人为本,坚持人民至上、生命至上,把保护人民生命安全摆在首位的思想,坚持安全第一、预防为主、综合治理的方针。

目标应符合生产经营单位安全生产实际,可量化、可考核、可分解,意图通过双重预防机制目标建设,将目标纳入企业的总体生产经营考核指标,将企业安全目标贯彻到日常的风险管控和隐患排查治理工作中去。

（3）理念与目标建设过程

① 理念与目标制定

生产经营单位可按照内部工作分工,以专业或部门为分类标准,制定对应专业或部门的双重预防机制理念和目标,用于指导和约束专业或部门年度双重预防机制工作。

双重预防机制理念可结合生产经营单位安全生产理念制定,涵盖企业风险预判防控、隐患排查治理相关的引领性要求,树立全员研判管控风险、排查治理隐患的氛围,提高职工风险意识,确保隐患闭环管理。

双重预防机制目标应结合企业安全生产目标进行分解,制定涵盖风险辨识、风险管控、隐患排查、隐患治理等方面的详细指标。

② 理念与目标管理

生产经营单位可建立理念与目标管理制度,涵盖对双重预防机制理念的建立、公示、宣贯和修订等的要求,对双重预防机制目标和任务及措施的制定、责任分解、考核等工作作出规定。

③ 理念与目标宣贯

生产经营单位应对双重预防机制理念和目标进行充分的宣贯,可采用但不局限于集体会议（班前会）、知识竞赛、安全生产月活动等形式,创建双重预防理念和目标的宣传氛围,目的是让生产活动管理者和参与者尽可能地将理念和目标入脑入心,理解、认同并践行本单位的双重预防理念和目标,将双重预防理念和目标融会贯穿于安全生产实际工作中,实现安全生产源头管控,不断推动关口前移。

④ 理念与目标落实

双重预防理念和目标的落实,应和安全生产实际工作充分融合,作为指导和约束安全生产工作的方向,在重大安全决策、重大高危作业、重大系统调整等活动中充分遵循双重预防理念,在日常的安全管理工作中,要和双重预防目标深度绑定,通过动态的安全管理任务来达成年度双重预防目标。

（1）××企业双重预防理念示例：

① 风险超前管控、隐患闭环治理；

② 风险全辨识、隐患全闭环；

③ 有作业必风险辨识、有隐患必整改到位；

④ 风险全面辨识管控、隐患全面排查治理；

⑤ 树牢风险意识、强化隐患闭环。

（2）××企业双重预防目标示例：

① 重大风险管控措施落实率 100％、隐患整改完成率 100％；

② 重大风险全员掌握率 100％；

③ 全员月度辨识新增风险 1 条；

④ 年度风险数量降低 10％；

⑤ 零重大隐患，一般隐患按期闭合率不低于 98％。

6. 为什么要实现风险、隐患一体化管理？

问题描述

　　双重预防机制全称为安全风险分级管控和隐患排查治理双重预防机制，所以双重预防机制包含安全风险分级管控和隐患排查治理两个部分：安全风险分级管控的重点在于"管风险"；隐患排查治理的重点在于"治隐患"。同时有些行业也将安全风险分级管控和隐患排查治理作为两个单独的部分开展建设，如 2017 版《煤矿安全生产标准化基本要求及评分方法（试行）》中将"安全风险分级管控"和"事故隐患排查治理"作为两个单独专业进行考核，造成了很多企业在开展双重预防机制建设时将风险、隐患割裂，没有实现风险、隐患的一体化管理。

问题辨析

　　风险是指生产安全事故或健康损害事件发生的可能性和后果的组合。针对辨识出的风险应制定管控措施将风险控制在可接受的范围（安全状态）。管控措施的制定根据是安全生产法律、法规、规章、标准、规程和安全生产管理制度的规定，如无相关规定，则按将风险控制在可接受范围（安全状态）的原则制定管控措施。隐患是指生产经营单位违反安全生产法律、法规、规章、标准、规程和安全生产管理制度的规定，或者因其他因素在生产经营活动中存在可能导致事故发生的物的危险状态、人的不安全行为和管理上的缺陷。从以上的论述可以看出针对风险应制定管控措施,当风险的管控措施失效后形成隐患。

结合上述内容,从风险、隐患的逻辑关系(图 7-7)可以看出,事故发生的因果链为风险→隐患→事故,当存在风险时应制定管控措施,管控措施失效后会导致隐患的出现,隐患如果未及时排查、及时治理,在某些耦合因素下,就有可能会导致事故的发生。双重预防机制实际上实现对风险→隐患→事故这一因果链的过程管控,安全风险分级管控主要是从风险→隐患这一过程切断事故因果链,隐患排查治理主要是从隐患→事故这一过程切断事故因果链。

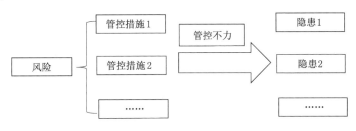

图 7-7　风险、隐患的逻辑关系

因此,在开展双重预防机制工作时应实现风险、隐患的一体化管理,通过做好风险管控工作可以有效减少隐患产生,减轻隐患排查治理的工作量,而隐患排查又恰是对风险管控工作优劣的检验和促进,可以帮助风险管控工作查找不足,持续改进。

⏹ *问题举例*

根据风险、隐患的逻辑关系,以及安全风险分级管控与隐患排查治理的内在联系,同时结合安全风险分级管控和隐患排查治理相关流程可以有效地把安全风险分级管控与隐患排查治理有机地结合在一起,以全面的风险辨识、评估为基础,通过确定风险清单制定管控措施,进而制定风险管控清单进行风险巡查管控,管控风险时,若风险的管控措施落实到位则完成该条风险的管控,若发现风险的部分管控措施没有落实到位,此时由于管控措施失效已形成了隐患,则需进行隐患的登记而后进入隐患闭环管理流程,使管控措施恢复有效。

7. 双重预防机制建设中企业的关键工作有哪些?

💡 *问题描述*

在企业中建立双重预防机制涉及的范围很大,工作繁多,其中有些工作实施起来有较大的难度,但对于整个体系建设具有重要的支撑意义。这些关键性的工作尤其需要予以重视。

💡 *问题辨析*

企业的关键工作大概可以从下面五个方面进行分析。

(1)初始风险数据库的辨识

初始风险数据库是企业安全双重预防机制运作的基础,其重要性无论如何强调都不为过。然而风险数据库的辨识需要较深的理论理解水平和较强的技术素养,工作量也非常庞大。具体辨识的顶层设计、辨识的内容、各个项目的辨识方法(尤其是风险等级)、辨识人员的组织和管理、辨识结果的审核等等,都给企业的体系建立工作带来了挑战。

(2)双重预防机制与本企业现有安全管理制度的融合

双重预防机制的关键在落实。如果企业完全抛开自己长期运行的安全管理方法、流程、制度等,可能会遇到员工难以理解、不习惯操作等情况,甚至形成严重的抵触情绪。在这种情况下,企业期望双重预防机制在本企业内部能够长期运行,是非常困难的,不断优化更是难题。安全生产标准化中也没有要求单独建立双重预防机制的制度和流程等,强调的亦是与企业现有制度的融合,在企业中的有效落地。因此,企业必须全面梳理自身与安全有关的管理制度、流程、方法等,按照双重预防机制的要求重新体系化,实现新体系的可操作、可运行。

(3)双重预防机制的考核体系

双重预防机制的关键在于落地,这就需要企业相关考核机制的跟进,尤其是长期的落地和优化,考核机制更是关键。在建立双重预防机制流程等之前,企业显然不可能就其指定考核体系。因此,在建立双重预防机制后,企业必须根据体系运行可能出现的问题,指定针对性的考核体系,督促员工在日常工作中实现对双重预防机制的贯彻。考核体系必须明确、合理、完善、便于操作,且需要最高领导的坚决支持。

(4)双重预防机制管理信息系统的设计、开发与实施信息管理手段是安全生产标准化中对双重预防机制的明确要求之一,也是体系建设中的重要组成部分之一,亦是难点之一。由于双重预防机制重在落地,而管理信息系统则集思想、方法、流程、制度等于一体,是企业推动双重预防机制的关键措施之一。可以说,无论是机制的运行流程或考核流程,离开了一个强大的管理信息系统支持,都会事倍功半。双重预防机制管理信息系统的开发需要对体系的内涵和要求有深刻的理解,同时还必须对本企业的安全管理流程等非常熟悉,对于管理信息系统本身亦需有一定的经验,因而开发难度非常大。一般情况下,企业可以与外部专业机构合作开发。

(5)企业中营造全员重视、全员参与机制建设的氛围

安全管理的最高境界就是文化管理。在体系建设阶段,企业内部应形成全员重视、全员参与机制建设的氛围,只有这样才能确保所设计的体系、所开发的管理信息系统能够与企业实际情况很好吻合,才能得到员工的支持,才能在日常的生产活动中得到贯彻。在当前煤炭行业普遍下滑的背景下,企业安全文化建设的难度更大,很多企业在进行双重预防机制建设时,员工中存在不理解、不重视、不以为然,甚至还存在抵触的情绪,这对于双重预防机制的建设,尤其是运行和贯彻,具有明显的阻碍作用。

企业安全双重预防机制建设对于每一个企业来说都是一个需要探索的、重要的工作。如图7-8所示的一体化管理流程是一个普遍性的流程,不

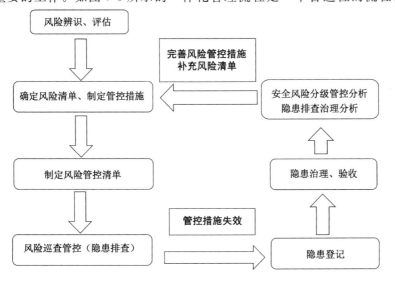

图 7-8　风险、隐患一体化管理流程

同企业结合自身的特点,也会有所增加或调整,但这七步流程体现了双重预防机制建设的内在规律性。企业在进行体系建设前,应提前做到对工作内容和步骤心中有数,这样才能根据流程科学规划时间和资源,确保双重预防机制体系建设工作的成功、顺利开展。

❓ 问题举例

某矿山企业因为标准化的要求,决定在企业内建立双重预防机制,然而在实施工作中,未总结当前安全管理的实际情况,从政府的文件中摘录以及从同行业的相关文件中借鉴,形成一份文件后领导签发,用来应对上级部门的检查。这样的双重预防机制是为了建立而建立,无法真正使双重预防机制成为有效机制,也不是从企业实际管理提升的出发点去做这项工作,对实际工作毫无益处,对遏制事故发生更是毫无作用。

8. 集团公司应如何规范下属企业双重预防机制建设?

❓ 问题描述

生产经营单位必须构建安全风险分级管控和隐患排查治理双重预防机制,对于单一企业来讲,只需按照双重预防机制工作流程实现对风险、隐患的有效管理即可,但对于集团公司来讲,下属企业众多,如何实现对下属的纵向管理、横向对比成为集团公司双重预防机制建设必须要考虑的问题。

❓ 问题辨析

对于集团公司如何规范下属企业双重预防机制建设,笔者认为需从四个方面开展:

一是建立双重预防机制建设规范。明确下属企业风险辨识、评估、管控,隐患排查、治理、督办、验收等双重预防机制工作流程,统一风险点台账、风险清单、隐患台账等双重预防机制数据标准。

二是建立集团风险、隐患基础数据库。按照法律法规、规程结合集团公司现状等在集团开展集中风险辨识、隐患数据库建设,建立集团统一基础数据库,下属企业利用基础数据库辅助开展风险辨识、隐患排查工作,降低双重预防机制建设工作量,提高风险辨识质量、隐患排查效果,同时便于集团对下属企业进行统一管理、开展横向对比分析。

三是制定双重预防机制考核办法。通过集团公司定期对下属企业双重预防机制的考核,督促企业双预防机制落地运行,保证双重预防机制运行效果。

四是开展双重预防机制信息化建设。明确企业双重预防机制信息化建设要求，建立双重预防数据采集标准，开发集团双重预防监管平台，实现集团公司与下属企业之间的双重预防数据共享，实现企业双重预防工作过程可监控、全程可追溯，提高集团监管工作的预见性、靶向性、时效性，形成一个全方位、多层次、规范化、信息化的监管模式，提升集团对安全生产整体把握的系统性、风险评判的精准性、安全决策的可靠性。

问题举例

以陕西煤业股份有限公司为例说明。

(1) 建立煤矿安全双重预防机制实施指南

为进一步规范煤矿安全双重预防机制建设运行，陕西煤业股份有限公司联合中国矿业大学安全科学与应急管理研究中心共同编制了《陕西煤业股份有限公司煤矿安全双重预防机制实施指南》(图 7-9)，明确了双重预防机制工作流程、统一了双重预防机制数据标准。

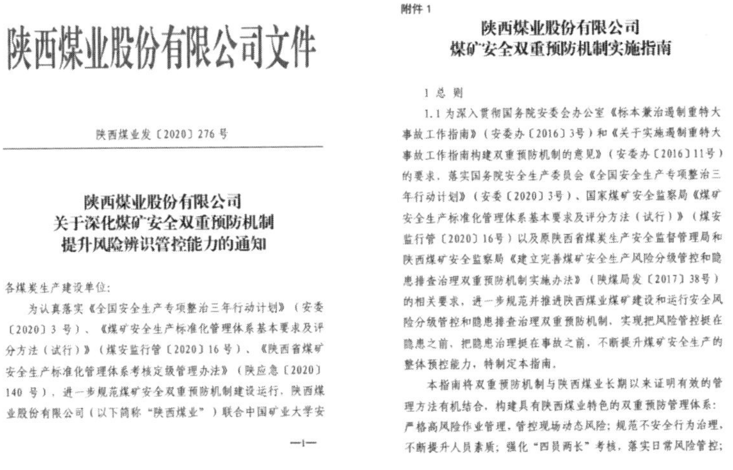

陕西煤业股份有限公司文件

陕西煤业发〔2020〕276号

陕西煤业股份有限公司
关于深化煤矿安全双重预防机制
提升风险辨识管控能力的通知

各煤炭生产建设单位:

为认真落实《全国安全生产专项整治三年行动计划》(安委〔2020〕3号)、《煤矿安全生产标准化管理体系基本要求及评分方法(试行)》(煤安监行管〔2020〕16号)、《陕西省煤矿安全生产标准化管理体系考核定级管理办法》(陕应急〔2020〕140号)，进一步规范煤矿安全双重预防机制建设运行，陕西煤业股份有限公司(以下简称“陕西煤业”)联合中国矿业大学安

—1—

附件1

陕西煤业股份有限公司
煤矿安全双重预防机制实施指南

1 总 则

1.1 为深入贯彻国务院安委会办公室《标本兼治遏制重特大事故工作指南》(安委办〔2016〕3号)和《关于实施遏制重特大事故工作指南构建双重预防机制的意见》(安委办〔2016〕11号)的要求，落实国务院安全生产委员会《全国安全生产专项整治三年行动计划》(安委〔2020〕3号)、国家煤矿安全监察局《煤矿安全生产标准化管理体系基本要求及评分方法(试行)》(煤安监行管〔2020〕16号)以及原陕西省煤炭生产安全监督管理局和陕西煤矿安全监察局《建立完善煤矿安全生产风险分级管控和隐患排查治理双重预防机制实施办法》(陕煤局发〔2017〕38号)的相关要求，进一步规范并推进陕西煤业煤矿建设和运行安全风险分级管控和隐患排查治理双重预防机制，实现把风险管控挺在隐患之前、把隐患治理挺在事故之前，不断提升煤矿安全生产的整体预控能力，特制定本指南。

本指南将双重预防机制与陕西煤业长期以来证明有效的管理方法有机结合，构建具有陕西煤业特色的双重预防管理体系：严格高风险作业管理，管控现场动态风险；规范不安全行为治理，不断提升人员素质；强化“四员两长”考核，落实日常风险管控；

图 7-9 煤矿安全双重预防机制实施指南

(2) 建立集团风险、隐患判定标准

由集团公司统一规划，坚持红线思想，明确煤矿重大风险强制认定标准，建立煤矿风险基础数据库、隐患认定标准数据库、不安全行为认定基础数据库，为煤矿提供安全管理基本线。如图 7-10～图 7-12 所示。

序号	排查日期	排查类型	排查人	隐患地点	隐患描述	专业	隐患类型	隐患等级	治理措施	责任单位	责任人	治理期限	验收人	销号日期

图 7-10　隐患台账

安全双重预防机制百问百答

附录H　重大风险认定情形（规范性附录）

煤矿重大风险除按照评估方法结合矿井实际情况自行确定外，有下列情形之一的，应直接确定为重大风险，如表 H.1 所示。

表 H.1　重大风险认定情形

序号	风险类型	重大风险认定情形
1	瓦斯	高瓦斯及突出矿井，或需要抽采的低瓦斯矿井，应将相应影响区域的瓦斯风险评估为重大风险
2	煤尘	开采煤层有煤尘爆炸危险性的矿井，应将相应影响区域的煤尘爆炸风险评估为重大风险
3	火灾	开采Ⅱ类自燃煤层且工作面采用综采放顶煤工艺的矿井应将相应影响区域的火灾风险评估为重大风险
3	火灾	煤层自然发火期<3 个月的矿井的火灾风险
4	水灾	水文地质条件复杂及以上，或奥灰突水系数≥0.06 的矿井应将相应影响区域的水灾风险评估为重大风险
4	水灾	采（古）空区积水≥30 万 m³的矿井应将相应影响区域的水灾风险评估为重大风险
4	水灾	采空区积水<20 万 m³，但开采煤层上距采（古）空区间距<15 倍采高的矿井应将相应影响区域的水灾风险评估为重大风险
4	水灾	开采区域地表存在河流、湖泊等水体，且开采

图 7-11　重大风险认定标准

附录D　隐患认定标准数据库（示例）

序号	隐患内容	隐患等级	认定依据
1	从业人员未进行安全教育和培训或培训不合格，上岗作业。	C	《煤矿安全规程》第九条。第九条　煤矿企业必须对从业人员进行安全教育和培训。培训不合格的，不得上岗作业。
2	…	…	…
3	…	…	…

注：　隐患内容：具体的隐患描述。

隐患等级：按照隐患的判定标准，结合企业的实际，确定的隐患等级。隐患等级，分为重大事故隐患和一般事故隐患，一般事故隐患又细分为A、B、C三个级别。重大隐患严格按照《煤矿重大生产安全事故隐患判定标准》认定。

认定依据：该条隐患所违反的法律、法规等依据性文件，详细到具体条目。

图7-12　隐患基础数据库示例

（3）开展双重预防机制考核

制定双重预防机制考核管理办法和考核细则（图7-13），每季度对下属煤矿双重预防机制运行情况开展一次考核。

双重预防机制考核细则

检查类别	检查项目	具体要求	标准分值	检查方式及内容	所需资料	扣分细则	得分
一、工作机制（10分）	成立组织机构	成立双重预防体系建设组织机构。主要负责人全面负责企业双重预防体系建设工作，明确企业主要负责人、分管负责人、副总工程师、各职能部门负责人以及各类专业技术人员、区（队）长、班组长及岗位人员双重预防体系建设应履行的职责	4	1.查看有关整体正式文件，看是否按本办法要求明确了各层级人员的责任。2.对各类人员进行随机抽考。抽考前要确定抽考人数。	1.相关设立或批准文件；2.明确责任体系的相关文件（也可以是在双重预防机制工作制度中体现）	未成立组织机构或未建立责任体系不得分，未明确职责扣1分。随机抽查，矿领导1人不清楚职责扣1分，他人不清楚职责1人扣0.5分，无双重预防机制专职专业人员扣1分。	
	建立制度	建立双重预防机制工作制度，明确安全风险辨识评估范围、方法和安全风险的辨识、评估、管控、公告、报告工作流程；明确对重大安全风险管控措施落实及管控效果标准，事故隐患的分级标准，以及事故隐患（含措施不落实情况）排查、登记、治理、督办、验收、销号、分析总结、检查考核工作作出规定并落实，并按照事故隐患等级明确相应层级的单位（部门）、人员负责治理、督办、验收	6	1.查双重预防机制工作制度，必须明确风险的范围（可以概括地说明），必须明确本矿辨识和评估分级分别采用什么方法；2.查是否明确了风险辨识、评估、管控、公告、报告的工作流程；3.查是否明确对重大安全风险管控措施落实及管控效果标准，事故隐患分级标准，以及事故隐患（含措施不落实情况）排查、登记、治理、督办、验收、销号、分析总结、检查考核工作作出规定并落实；4.查制度，看是否有分级管理相应条款；查管理台账，看台账中是否明确分级管理	1.双重预防机制工作制度（也可分开管控工作制度和事故隐患排查治理工作制度）；2.事故隐患管控台账	查资料和现场。未建立制度不得分；内容缺1项扣1分，制度不执行1项扣1分；未对事故隐患进行分级处理1项扣0.5分，各级隐患治理、督办、验收责任单位和人员不明确1项扣1分。	

图7-13　双重预防机制考核细则

（4）开展双重预防机制信息化建设

陕西煤业股份有限公司明确了煤矿双重预防信息系统功能要求和数据联网规范（图 7-14）。

陕西煤业股份有限公司
煤矿安全双重预防信息系统功能
要求和数据联网规范

为了规范、统一所属各煤矿双重预防机制信息系统建设，打通从煤矿到上级公司的双重预防数据采集、传输、研判、共享渠道，为全公司煤矿安全风险监测预警提供数据支持，实现精准监管，防范化解重大安全风险，提升煤矿安全治理能力，陕西煤业特提出煤矿安全双重预防信息系统应该具备的基本功能要求，并明确双重预防系统数据联网规范。

一、双重预防信息系统功能要求

各煤矿双重预防信息系统（PC 端、移动端）应能够实现本部分所规定的基本功能。各矿可在基本功能之上进行个性化定制开发，提高煤矿安全管理信息系统的运行效果。

（一）PC 端信息系统功能标准

1.风险分级管控：主要功能包括安全风险辨识任务及辅助辨识（年度、专项）、辨识报告生成、上传及预览；安全风险管控及管控情况统计分析；矿井风险管控记录及查询、管控报告上传及预览；安全风险四色图管理；安全风险基础数据管理（包括岗位、专业、风险类型、风险数据库）等等。

2.事故隐患排查治理：主要功能包括隐患排查任务管理；隐患信息录入与导入；隐患闭环管理；隐患台账；隐患提级督办；隐患排查治理数据多维度统计分析；隐患数据库

二、双重预防机制数据联网规范

（一）联网数据列表

联网数据列表指陕西煤业所属各煤矿需上传的基本数据类型，数据格式基于标准的 JSON 格式，详细数据项需在数据联网工作实施中详细确定，各项数据陕西煤业从下级矿业公司获取，数据列表参见表 1-1。

表 1-1 上传数据列表

序号	上传数据	说明
1	风险四色图	各矿风险四色图
2	风险点	风险点数据
3	辨识任务	年度或专项辨识任务记录（包含辨识评估报告）
4	风险清单	煤矿当前风险数据（包含重大风险清单）
5	风险管控措施	风险对应的管控措施
6	风险管控记录	风险管控记录（月度、半月、日常等）
7	高风险作业管理台账	煤矿月度高风险作业管理台账
8	隐患台账	各矿排查出的隐患信息
9	隐患督办信息	隐患督办信息
10	不安全行为信息	各矿检查记录的不安全行为信息
11	重大风险管控方案	重大风险管控方案
12	重大隐患信息档案	重大隐患治理相关的信息档案

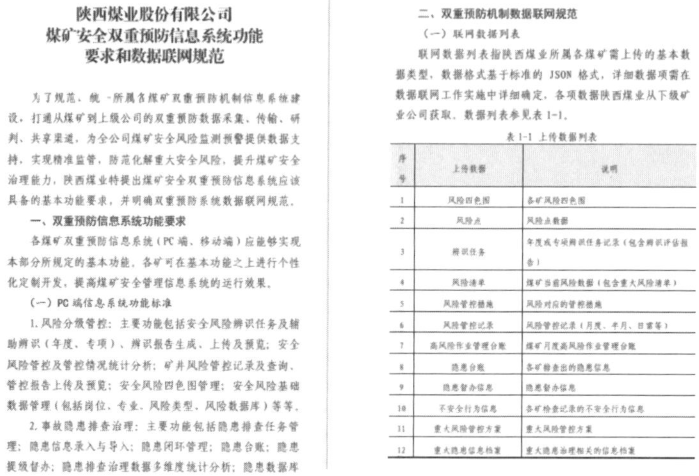

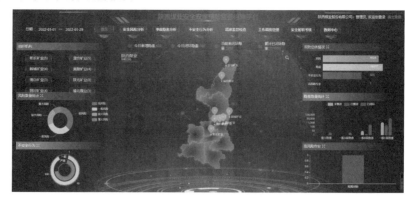

图 7-14　煤矿安全双重预防信息系统功能要求和数据联网规范

在煤矿双重预防机制信息化建设的基础上，陕西煤业股份有限公司提出了“陕西煤业—矿业公司—煤矿”三级双重预防机制及信息化的建设思路，实现了对煤矿双重预防工作的线上监管（图 7-15），同时为陕西煤业股份有限公司防范化解煤矿重大安全风险提供了抓手，切实提高了全集团安全管理水平和灾害预防能力。

图 7-15　陕西煤业安全双重预防监管信息平台

9. 双重预防机制建设仅仅是企业的责任?

🔲 *问题描述*

近年来,双重预防机制已成为推进企业安全生产的主流管理体系和关键举措,法律上也将其明确为企业安全生产责任制的重要内容之一,但很多人认为对于双重预防机制的落实要求和考核只是针对企业,即双重预防机制建设是企业的事情,政府只要督促其建设和运行即可。

🔲 *问题辨析*

双重预防机制建设并不仅仅是企业的责任。从政府要求角度,在 2016 年国务院安委办印发的《国务院安委会办公室关于实施遏制重特大事故工作指南构建双重预防机制的意见》(安委办〔2016〕11 号)中明确提出要强化智能化、信息化技术的应用,"要督促企业加强内部智能化、信息化管理平台建设,将所有辨识出的风险和排查出的隐患全部录入管理平台,逐步实现对企业风险管控和隐患排查治理情况的信息化管理"。双重预防信息化建设既是双重预防机制建设和企业安全管理的内在要求,也是地方政府安全管理的重要工作之一。2018 年 4 月 8 日,中共中央办公厅、国务院办公厅印发《地方党政领导干部安全生产责任制规定》。其中第六条县级以上地方各级政府主要负责人安全生产职责中,第五项明确规定:严格安全准入标准,推动构建安全风险分级管控和隐患排查治理预防工作机制。新《安全生产法》在第四十条中增加了"有关地方人民政府应急管理部门和有关部门应当通过信息系统实现信息共享";第七十九条第二款最后提出:所有生产安全事故应急救援信息系统"实现互联互通、信息共享,通过推行网上安全信息采集、安全监管和监测预警,提升监管的精准化、智能化水平"。

这些要求均是针对政府监管部门提出明确的具体职责,双重预防机制建设只有得到政府和企业的共同重视,其实践的广度和深度才能不断提升。一方面是规范各企业双重预防机制建设的思路和方法,避免因理解不到位而出现偏差等,减少各企业的摸索成本;另一方面,利用各企业双重预防信息系统中的运行信息,为精准安全监管提供数据支持,创新安全监管方法。

🔲 *问题举例*

某地方省级监管部门为深入贯彻落实有关政府部门双重预防机制建设要求,规划实施了以下工作,要求落实各方责任,扎实推进煤矿安全双重预防机制建设。

（1）领导层培训宣贯。针对当前安全监管情况分析；领导层双重预防机制管理体系学习和研讨。

（2）体系建设组织成立与动员。组织进行管理者决策与承诺制定；辅助开展任命管理者代表，成立工作小组；召开动员大会，进行一次全员风险管理的培训；按工作需要，协助企业进行人员与设备配备。

（3）双重预防监管流程与模式设计。

（4）双重预防监管信息系统的开发与数据初始化。双重预防监管信息系统的分析建模、设计与实现、测试、数据初始化。

（5）双重预防体系与管理信息系统的全面培训。

（6）管理信息系统的联合试运行、试运行问题的分析，根据试运行结果进行修正。

10. 政府部门如何推动双重预防机制建设？

? *问题描述*

2021年9月1日正式实施的《安全生产法》，首次将双重预防机制建设写进法律，明确生产经营单位必须构建安全风险分级管控和隐患排查治理双重预防机制，健全风险防范化解机制，可见双重预防机制已成为企业必须要开展的工作，作为政府部门如何推动辖区内企业的双重预防机制建设也逐渐成为必须要面对的问题。

? *问题辨析*

政府或集团安全监管部门应重点围绕以下两方面推动企业双重预防机制建设：一是监管部门应制定双重预防标准，规范建设流程；二是利用双重预防信息，创新安全监管。

具体可从以下几个方面推动辖区企业双重预防机制建设：

（1）标准规范制定

通过调研、分析，结合国家、行业、上级政府相关要求，起草企业双重预防机制标准规范，可分行业开展，明确企业双重预防机制建设、运行和数据标准，为企业双重预防机制建设和运行提供遵循，同时统一辖区检查标准，减轻企业建设难度。

（2）全面推广

按照"统筹规划、试点先行、找寻规律、现场推进、监督管理、持续改进"的原则,设计辖区企业双重预防机制建设路径,分步实施,选取管理水平相对较高的企业开展试点建设,探索形成一整套在行业内可复制、可推广的具体做法;召开辖区双重预防机制建设推进会,将双重预防机制试点建设过程中的经验和特点进行总结、展示、交流;制定企业双重预防机制考核管理办法,将企业双重预防机制建设纳入日常执法检查,实现双重预防机制建设不断完善、运行水平持续提升。

（3）信息化建设

开展双重预防信息化建设,采集企业双重预防相关数据,实现政府、部门、企业之间的数据互联互通、信息共享;设计开发政府双重预防监管平台,实现对企业双重预防数据的统一存储、全面分析、综合研判,同时实现综合展示、业务管理、分析预警在内的应用功能,推动企业双重预防机制落地运行,满足综合监管需求。

🔲 *问题举例*

以陕西省神木市推动辖区煤矿行业双重预防机制建设举例说明。

（1）标准规范建设

神木市能源局为推进双重预防机制建设、提高煤矿安全治理能力制定了《陕西省神木市煤矿安全风险分级管控和隐患排查治理双重预防体系建设指南》(后称《建设指南》)起草及神木市能源局双重预防监管信息平台建设工作方案,同时成立了领导组和以神木能源局部门负责人、各中心煤管所所长、院校及企业专家组成的工作组,并明确了职责分工。

工作组通过实地走访调研,结合神木地区特点,起草了《建设指南》,并经内部征求意见进行了完善,而后在全市范围内进行了公开征求意见,最终邀请业内专家进行了评审,形成了《建设指南》(图7-16、图7-17)。

（2）全面推广

标准规范发布后,神木市能源局选取了4家煤矿,通过《建设指南》培训、数据库建设、体系流程建立、信息化系统建设开展了试点建设,并召开了全市双重预防机制建设推进会(图7-18),全面推进辖区煤矿双重预防机制建设,而后制定了考核管理办法,将双重预防机制建设纳入日常监管执法,不断推进辖区煤矿双重预防机制建设。

（3）信息化建设

神木市能源局文件

神能局发〔2020〕394号

陕西省神木市能源局
关于印发《推进双重预防体系建设 提高煤矿安全治理能力》工作方案编制的通知

各中心煤管所:

为统一规范我市煤矿安全风险分级管控和隐患排查治理双重预防体系建设、运行工作,有效防范化解重大风险,实现把安全风险控制在隐患形成之前,把隐患消灭在事故前面,创新安全监管方式方法,全面提高煤矿安全治理能力。根据工作需要和局领导署安排,决定起草编制《陕西省神木市煤矿安全风险分级管控和隐患排查治理双重预防体系建设指南》(以下简称《建设指南》),建设神木市能源局双重预防监管信息平台(以下简称监

— 1 —

图 7-16　神木市能源局标准规范建设通知

附件

《陕西省神木市煤矿安全风险分级管控和隐患排查治理双重预防体系建设指南》起草及神木市能源局双重预防监管信息平台建设工作方案

一、重要性和必要性

(一)贯彻落实习近平总书记新时代安全思想的必然要求

2015年12月,习近平总书记在第127次政治局常委会会议上明确要求:"对易发重大事故的行业领域,要采取风险分级管控、隐患排查治理双重预防性工作机制,推动安全生产关口前移。"2016年10月9日,国务院安委办下发《实施遏制重特大事故工作指南构建双重预防机制的意见》(安委办〔2016〕11号),强调"构建安全风险分级管控和隐患排查治理双重预防机制,是遏制重特大事故的重要举措",在这样的大背景下,双重预防机制迅速成为安全文件、安全规划等的重要组成部分,如在《中共中央国务院关于推进安全生产领域改革发展的意见》(中发〔2016〕32号)《安全生产"十三五"规划》《煤矿安全生产"十三五"规划》《全国安全生产专项整治三年行动计划》(安委〔2020〕3号)等文件中,都专门对双重预防机制的建设提出

— 3 —

神 木 市 能 源 局

神能局便〔2021〕18号

神木市能源局
关于征求《陕西省神木市煤矿安全风险分级管控和隐患排查治理双重预防体系建设指南(草案)》意见的函

各中心煤管所、各煤矿企业:

为深入贯彻落实党中央、国务院安委办关于推进安全风险分级管控和隐患排查治理双重预防机制构建的工作要求,规范我市煤矿双重预防体系建设、运行工作,有效防范化解重大风险,推动煤矿企业落实主体责任,全面提升煤矿安全风险预控能力和安全管理水平,神木市能源局组织编制了《陕西省神木市煤矿安全风险分级管控和隐患排查治理双重预防体系建设指南(草案)》,现就该指南(草案)公开征求意见,请各中心煤管所、各煤矿企业务必高度重视,指定专人负责,于2021年4月10日前提出书面意见,以文件的形式将意见反馈给各中心煤管所,无意见的也请书面反馈,各中心煤管所将征集意见4月12日前交到1007,

— 1 —

图 7-17　《建设指南》公开征求意见的通知

图 7-18 神木市煤矿双重预防机制现场推进会

神木市能源局制定了《神木市煤矿安全双重预防系统联网数据规范》和联网工作方案,对煤矿双重预防数据进行了采集,同时基于行业监管业务需求,结合能源局安全监管现状建设了煤矿安全双重预防监管信息平台(图 7-19),实现了能源局、煤管所、煤矿之间的数据互联互通、信息共享,达到"线上日常巡查＋现场精准核查"的目的,为推动煤矿安全双重预防机制建设提供了信息支撑。

图 7-19 神木市煤矿安全双重预防监管信息平台

11. 一些中小企业员工不多、技术力量不足,构建双重预防机制有没有简便方法?

[?] *问题描述*

当前,双重预防机制已经在各行各业得到了广泛应用,并取得了良好的安全管理效果,尤其是在一些安全矛盾比较突出的行业,如煤矿、化工等高危行业发挥了很好的作用,对安全事故的发生起到了遏制作用。双重预防机制的构建是一个系统工程,那么,对于一些员工不多、技术力量不足的中小企业,构建双重预防机制有没有简便方法?

⚎ *问题辨析*

首先,双重预防机制建设不是一项任务,也不是阶段性的工作,而是建立企业控制风险、防范事故的长效机制,方法没有复杂与简便之分,只有适用和不适用的差别。

一些中小企业员工不多、技术力量不足,怎么办? 企业要强化全员培训,让全体员工都接受并自觉践行风险优先的理念,学习风险管理的基本知识,掌握风险辨识评估管控和隐患排查治理的基本方法。如果企业的员工基础条件相对较差,可以聘请专家开展首次风险辨识,并制定符合企业实际的、简单实用的风险辨识和隐患排查制度,通过风险排查清单、岗位风险告知卡等简便措施,确保每一个员工能理解、会上手、有任务。对中小企业而言,切忌走入花钱请第三方服务机构制定一大堆文件后束之高阁的歧途,提倡用简单的制度、明确的职责来管控本企业的风险,排查并治理本企业的隐患,最终有效防范伤亡事故发生。

⚎ *问题举例*

某化工中小企业正处于发展阶段,员工不足 100 人,技术力量相对薄弱,在企业建立双重预防机制的过程中,感觉步步维艰,员工对于双重预防机制的理解和认识,都处于较低水平,双重预防机制建设工作遭受到了极大的阻碍。

为了彻底扭转当前双重预防机制建设的被动局面,该企业负责人聘请外部专家对企业的双重预防机制进行了梳理和完善,并对双重预防机制的理论进行了全员培训和辅导,使双重预防机制建设具备了一定的基础条件。为了确保双重预防机制的顺利实施,该企业邀请外部专家对本企业存在的安全风险进行了全覆盖的梳理并建立了清单,协助企业对双重预防机制进行了流程塑造,确保每一位员工对双重预防机制入脑入心。经过一番努力,该企业的双重预防机制建设工作逐渐步入了正轨。

第八章
双重预防机制运行

1. 企业如何实现双重预防机制工作持续改进？

❓ 问题描述

有些企业认为双重预防机制建设完成、通过上级单位或安全监管部门的验收后，就算完成了法定责任，后续只需要运行就可以了。对持续改进的要求，一些企业认为只要每年底找第三方单位出一个安全评估报告就算符合要求。

❓ 问题辨析

建设、运行双重预防机制是企业的安全生产主体责任之一，持续改进也是其重要组成部分。只有持续不断开展各类持续改进工作，才能确保双重预防机制的各要素与企业安全生产实际相吻合，才能具有生命力。一些企业建立双重预防机制的工作没有取得预期的效果，一个重要原因就是缺乏有效的持续改进工作，使双重预防机制的制度、流程、风险清单、责任体系等不能根据企业生产经营活动的变化而变化，逐渐沦为形式主义。

企业在建设及实施双重预防机制时，要结合当年度实际运行情况，不断对双重预防机制进行完善、提高，旨在持续改进、优化双重预防运行机制，提高双重预防机制运行效率及效果,指导下一年度的工作开展。双重预防机制建设整体上要实现三个闭环管理,机制的闭环管理在风险和隐患两个闭环管理之外对双重预防机制起到提升和改进作用。

企业双重预防机制持续改进工作主要涉及三个方面:

（1）隐患排查治理的持续改进

通过对隐患排查工作(这个环节也包含风险管控工作)和隐患治理情况数据的分析,总结隐患的分布情况、发生规律等,为下一周期的隐患排查工作提供指导。企业应结合定期的隐患排查治理持续改进与下一周期的生产经营计划,编制或调整下一周期的隐患排查计划(包含风险管控计划或任务)。

（2）风险辨识管控的持续改进

通过风险辨识、风险评估分级,制定管控措施,落实分级管控责任,再到检查风险管控措施的有效性,形成风险分级管控闭环。由于风险辨识评估的质量或企业生产经营环境的变化,实际风险管控质量可能会与预期存在一定的差别。因此,企业应定期开展对风险辨识管控的持续改进工作,主要分析风险失控的情况,对隐患的产生原因进行分析,及时补充新的风险、重新评估风险等级、修订改进措施,避免类似风险再次出现失控情况。

（3）双重预防机制的持续改进

通过获取安全风险分级管控和隐患排查治理工作中的基础数据以及其他相关环节中的基础数据,对双重预防机制的运行情况进行评审,查找问题和不足,制定改进措施,促进双重预防机制工作进行不断完善、不断提高,形成机制的持续改进。

开展持续改进工作的主体是生产经营单位自身。无论是对隐患排查情况、风险辨识管控情况,以及双重预防机制本身的持续改进,都是企业的主体责任,而不应给第三方单位"一交了之"。持续改进的目的是从当前双重预防机制的建设、运行中发现存在的问题,不断修改、提升,并不是对当前安全风险管控情况做一个判断,因此它与安全评价完全不是一回事。

不同行业、企业的固有风险等级、风险变化程度不同,持续改进的具体要求也有所不同,但无论什么行业、企业,持续改进都是双重预防机制的重要组成部分。隐患排查情况、风险辨识管控情况的持续改进必须由企业定期开展,而双重预防机制的持续改进则可以采用管理评价的方式自主开展,也可以请外部专家参与或主导进行评价,但无论是谁进行双重预防机制的持续改进,其目的都是为了发现当前机制建设和运行中存在的问题,通过不断修改、提升,确保企业的双重预防机制能够有效运行。显然,双重预防机制评估或自评工作,不是安全评价,更不需要评价单位具备安全评价资质,它是企业自身的安全生产责任。

双重预防机制作为一种创新管理模式,遵循 PDCA 管理循环,具备不断总结、完善、持续改进的特点,只有真正做好双重预防机制持续改进工作,才能促进双重预防机制工作实现螺旋式上升,不断提高安全管理效果。

[?] *问题举例*

山西省为规范辖区煤矿双重预防机制建设,制定了《煤矿安全风险分级管控和隐患排查治理双重预防机制实施规范》(DB14/T 2248—2020)地方标准,其中对双重预防机制持续改进工作进行了明确规定,要求煤矿每日、每月、每季、每年均要开展双重预防机制持续改进工作。

(1)对于风险持续改进要求每季度开展

矿长每季度至少开展 1 次安全风险分析总结会议(可与月度分析总结会议合并),对安全风险辨识的全面性、管控的有效性进行总结分析,并结合国家、省、市、县或主体企业出台或修订的法律、法规、政策、规定和办法,运用中介评估、举报核查、事故查处、外部检查等手段发现的问题,补充辨识安全风险,完善相应的安全风险管控措施,更新安全风险管控清单。对安全风险的分析总结应包括:

① 已制定安全风险管控措施,但现场未落实的;

② 已落实安全风险管控措施,但未达到管控效果的;

③ 安全风险辨识不全面或未制定管控措施的。

(2)对于隐患持续改进要求每日、每月开展

① 隐患整改责任部门负责人每日应结合区队会议,组织分析当天新发现现场未能立即处理的隐患的产生原因,落实治理措施;

② 矿长每月应至少组织分管负责人及安全、生产、技术等业务科室(部门)责任人和生产组织单位责任人(区队长)召开 1 次月度分析总结会议,对隐患产生的原因进行分析,并提出改进措施。

(3)对于机制的持续改进要求每年开展

煤矿矿长每年年底前应组织相关业务科室(部门)至少进行 1 次双重预

防机制的运行分析,对煤矿安全双重预防机制的各项制度与流程在本矿内部执行的有效性,对法律法规、规程、规范、标准及其他相关规定的适宜性进行评价,评估机制实施运行的效果,适时调整相关制度、流程、职责分工等内容,并形成双重预防机制年度运行分析报告,用于指导下一年度机制运行。

2. 如何理解双重预防机制的动态运行?

❓ *问题描述*

有些企业人员认为双重预防机制是一种固定模式的运行机制,建设完成后可以保持长期稳定的有效运行。

❓ *问题辨析*

双重预防机制运行模式不是一成不变,而是与时俱进的。双重预防机制自提出以来,给企业安全生产管理注入强劲动力。从应用效果上看,双重预防机制之所以在煤矿、化工、电力、非煤矿山等行业落地生根,不仅仅源于对上级部门政策要求的贯彻执行,究其根本在于双重预防理论体系是在深入研究企业安全生产环节及事故演变规律的基础上发展起来的。

双重预防机制作为一种先进的安全管理体系,在取得成效的同时,也需要根据行业的发展和需求不断调整和优化。随着5G、云计算、人工智能等新一代信息技术的兴起,推进企业安全管理模式向"人工+机器智能"转变,解决了长期以来双重预防机制过于依赖人工录入数据带来的一系列问题。在"人工+机器智能"模式下,通过技术手段实现安全风险的机器监测预警、综合分析和评估,使得风险辨识评估工作更加简便,辨识结果更具科学依据,并将安全风险从单一的静态管控推动到全面的静态和动态风险管控。传统的隐患排查主要依靠人工排查,通过机器识别大大提高隐患识别的效率和准确率。

可以看出,双重预防机制是迭代发展的过程,是一个不断进步的过程。只有通过优化双重预防业务流程、破解企业难题,坚持需求导向,才能不断改善安全管理现状。

❓ *问题举例*

以煤炭行业为例,为深入贯彻落实习近平总书记"四个革命、一个合作"能源安全新战略,加快推进煤炭行业供给侧结构性改革,推动智能化技术与煤炭产业融合发展,提升煤矿智能化水平,国家发改委等八部委联合下发

《关于加快煤矿智能化发展的指导意见》，山西省、陕西省也纷纷制定并出台相应文件，提出各省具体要求和重要举措。

双重预防机制作为企业安全管理的成熟框架，涵盖了大量与安全生产有关的所有信息，只有从机制合规性、可操作性、可扩展性、数据完整性等多方面考虑，研究以双重预防机制为核心的智能化安全管理体系建设，才能适应当前安全管理发展趋势及企业需求。

3. 如何保障全员有序有效参与双重预防机制建设运行？

? 问题描述

双重预防机制建设涉及全员、全过程、全方面。在实际操作过程中，不少企业认为，双重预防机制建设时间跨度大、工作量繁重，而企业生产任务繁忙，加之基层员工在安全意识、安全管理知识和能力等方面客观上存在较大差异，因此，很难保证全员有序有效参与。

? 问题辨析

上述观点是错误的，但具有一定的代表性。之所以存在这样的疑惑，其根本原因是没有明晰双重预防机制的建设思路，导致产生认识上的偏差。

双重预防机制的建设和运行是一个系统性的工程，思想和认识是前提，除此之外还要依托机构制度和专业技术力量的支撑，才能形成合力，发挥应有的效率和效果，具体表现在以下几点：

（1）企业领导层的充分理解和高度重视是根本前提

一个新的安全管理模式的建立和应用，离不开企业领导层的推动，因此，双重预防机制的全员参与，需要企业主要负责人做好顶层设计，在自身充分理解并高度重视的前提下，通过决策来推动全员有序地参与双重预防机制的建设和运行。

（2）明确组织机构与相关人员的责任是有效保障

从具体操作层面来讲，企业必须首先成立双重预防领导小组和固定的工作机构，明确相关部门及人员的职责，并制定相应的双重预防机制运行制度和实施方案来保障相关工作的开展。明确本企业采用的风险辨识和评价方法、风险分级标准、管控措施制定原则、风险告知方式、隐患排查治理流程、持续改进要求、记录与保存要求。建立相应的管理层责任体系，将双重预防机制的运行要求和具体工作内容分解到每一个参与部门和牵头负责人。通过部门之间的沟通和协作，来保障双重预防机制相关工作的有效落地。

（3）建立激励制度明确相关考核要求是落实职责的有效手段

制定双重预防机制日常考核管理办法，考核办法注重岗位分工、注重实效，根据岗位的分工不同、要求不同实行绩效管理，严格奖惩，并与月度绩效工资挂钩。

此外，依据双重预防机制信息化建设要求，对信息系统的使用效率也一并纳入考核要求，促进安全管理的信息化水平提升。

（4）加强全员培训是提高双重预防机制运行效率的有效途径

加强风险辨识前和辨识后的培训，以及隐患排查流程和相关技能的培训，除此之外，还要从以下几个方面做好培训工作：一是分层培训，根据管理层和一线操作层分工的不同，有针对性地做好培训工作；二是分阶段培训，在双重预防机制建设的每一个不同的阶段，包括风险辨识完成、岗位风险告知、持续改进等各阶段，根据工作内容的不同做好各阶段的培训工作；三是分专业培训，根据不同专业的分工和要求做好不同专业的培训工作。

（5）构建双重预防机制信息化系统是全员参与的内在要求

如何实现全员的有序有效参与，关键在于引导职工的行为习惯，降低双重预防机制运行的人力成本，因此，双重预防机制要实现全员、全过程、全天候、全方位的安全管理，信息化建设是必经之路。双重预防机制的信息化建设，可有效杜绝安全工作沦为一纸报告，让全员参与成为可能。双重预防机制信息化建设将安全生产主体责任落到实处，实现全员参与管理，将进一步夯实企业的安全管理基础。

？ 问题举例

M企业双重预防机制建设以来，董事长高度重视，牵头成立了双重预防机制领导小组，董事长任组长，并将双重预防机制工作办公室设在了安全部，起草制定了双重预防机制工作制度文件和各层级管理人员责任体系文件，并召开动员大会，号召全体员工广泛参与双重预防机制建设工作，并组织全员培训，员工热情高涨。一段时间过后，员工激情退去，双重预防机制建设工作不见起色。董事长于是决定建立相应的考核管理办法来调动员工的积极性，此后，双重预防机制工作正常开展，但员工苦不堪言，因为涉及的流程较多，纸质文件堆叠如山，董事长一筹莫展。

随着各行各业信息化建设高潮的来临，M企业建立了双重预防机制管理信息系统，安全风险分级管控与隐患排查治理流程通过"PC端＋移动端"采集管理信息，可随时随地进行安全管理，系统内置LS、LEC等风险评价方法，让风险评估更简单；利用业务流转，实现隐患闭环管理。多维度的数据分析，能更好地掌控企业安全状况，从此，M企业双重预防机制建设实现了信息化管理，员工在进行安全管理的同时，操作便捷，流程顺畅，彻底摆脱了以往的纸质化被动局面，M企业的双重预防机制运行效率和效果上升到了一个新的台阶。

4. 如何确保双重预防机制的常态化运行？

💬 *问题描述*

双重预防机制在很多企业实施落地以后，由于很多领导层的不重视或认识不清等原因，导致双重预防机制并不能够实现常态化运行，甚至很多企业将双重预防机制建设成"两张皮"，严重制约了安全管理的效率和效能的提升。那么，如何才能确保双重预防机制的常态化运行？

💬 *问题辨析*

之所以出现上述情况，主要原因是企业安全管理人员对双重预防机制的理解和认识存在不足，导致执行上出现偏差。要做到双重预防机制的常态化运行，需要注意以下几个问题：

第一，安全风险分级管控体系和隐患排查治理体系不是两个平行的体系，更不是互相割裂的"两张皮"，二者必须实现有机的融合。鉴于很多企业将风险和隐患作为两个独立的体系分开运行，风险失控没有去排查相应的隐患，新增隐患没有去梳理风险数据库，两者失去关联，导致风险分级管控和隐患排查治理不能相互印证和促进。因此，必须将安全风险分级管控体系和隐患排查治理体系进行有机融合，通过双重手段，实现安全管理效能的提升。

第二，要定期开展风险辨识，加强变更管理，定期更新安全风险清单、事故隐患清单和安全风险空间分布图，使之符合本单位实际，满足工作需要。双重预防机制是一个动态的管理过程，由于某些行业的特殊性，风险点和具体作业人员经常性变动，因此，风险清单需要动态更新，和现场保持一致，提高现场风险管控的针对性和及时性。

第三,持续完善重大风险管控措施和重大隐患治理方案,保障应急联动机制的有效运行,确保双重预防机制常态化运行。要从源头上限制高风险项目的准入,加大对高风险区域的排查力度和频次,将风险管控在低位运行。

第四,要对双重预防机制运行情况进行定期评估,及时发现问题和偏差,修订完善制度规定,保障双重预防机制的持续改进。

[?] *问题举例*

某企业建立双重预防机制后,经过一段时间的运行,安全管理水平得到了提升,但由于日常业务繁忙,对双重预防机制的运行渐渐产生消极懈怠的心理,风险清单固化,导致企业安全管理效果并不明显,安全管理水平处在低位徘徊。

该企业安全负责人对安全管理现状不满意,于是决定寻求改变,将本企业的双重预防机制管理制度进行重新梳理,每天组织人员进行风险管控清单的现场确认和现场隐患的排查,并根据结果对风险清单进行不断优化,对重大风险重新进行认定和管控,并定期对双重预防机制运行情况进行评估和修正完善,一段时间后,双重预防机制成为该企业安全管理的常态化工作,极大地提升了该企业的安全管理水平。

5. 为什么企业投入建设了双重预防机制,但运行效果存在差距?

[?] *问题描述*

一部分企业虽然投入建设了双重预防机制及信息化平台,但实际工作中却没有实现高效和高质量运行,甚至可以说有的根本没有运行起来,成了"摆设"。

[?] *问题辨析*

双重预防机制规范建设是基础,有效运行是关键。双重预防机制是促进企业落实安全生产工作的重要手段,并不是所有完成双重预防机制建设的企业都能完全实现预期效果。一方面是由于对机制本质内涵不清晰,理解偏差导致其建设缺少科学性。如一些企业在编制风险分级管控和事故隐患排查标准时,未深入结合企业实际情况,或按照法律法规和公司的规章制度要求等制定,容易导致失控的风险未排查到、隐患排查未突出重点;风险管控、隐患排查、责任制落实三者未能有效联系在一起;部分风险管控措施针对性不强、内容不全面,不能有效指导隐患排查治理工作;未根据风险等级,分层次采取不同类型、不同频率排查隐患;存在检查查不出深层次、根源问题,对发现的隐患整改流于形式,甚至敷衍整改,或者隐患治理举一反三意识不强,同类隐患反复出现,导致双重预防工作机制运用效果不佳,与预期存在偏差。

此外,企业按照规定建立了双重预防机制,并制定了较为完善的风险分级管控措施和隐患排查治理流程,但是在安全管理方面的问题还在于难以落地,未落实到基层职工,如一些基层职工并未积极地配合,依然按照以往的习惯进行生产工作,从而导致机制的具体工作要求得不到贯彻落实。一旦安全管理工作无法落实,关于企业生产安全的各项监管部门便形同虚设,监管作用也毫无效果,进而导致企业的生产安全被逐渐忽视。安全生产工作若长期得不到应有的重视和落实,各种细微的安全生产问题便会频繁发生。如果安全生产问题积累过多,则极易引发严重的安全事故和后果影响。因此应正确认识双重预防机制建设与运行的逻辑关系,充分调动体系相关方的联动性来保障双重预防机制的有效运行。

❓ *问题举例*

某政府部门针对地方企业的特殊性,出台了双重预防机制相应的标准规范,并设置了专项的监督部门加以推进。企业根据已经出台的行业规范和科学流程落实双重预防机制建设任务,对可能出现的风险进行分级,对不同等级的风险采取不同的防控方法和应急预案,对生产运营过程中存在的隐患进行排查等。同时企业管理层对安全防控的重视程度较高,管理层的思想传递到企业的基层组织和工作人员,企业内外都提高了对安全意识的重视程度,不断推动政策在具体实践全面落实,使得双重预防机制中的隐患排查和风险管控措施得到良好实施,确保双重预防机制顺利落地。

6. 双重预防机制运行的保障有哪些?

❓ *问题描述*

管理体系的长期、高效运行与运行保障体系有直接的关系,那么双重预防机制运行的保障有哪些呢?

❓ *问题辨析*

双重预防机制运行的保障包含:

（1）双重预防信息化建设、运行与维护；

（2）双重预防机制培训；

（3）双重预防机制考核和评价；

（4）双重预防信息与文件管理。

[?] *问题举例*

（1）双重预防信息化建设、运行和维护

双重预防信息化建设、运行和维护是管理信息系统的三个阶段，是管理信息系统学科与双重预防理论的结合，因此需要相关人员既懂管理信息系统知识又非常了解双重预防在企业中的实际运行流程和要求。不同阶段的要求应纳入生产经营单位双重预防机制制度文件。

① 双重预防信息化建设阶段

双重预防信息化建设阶段的目标是建设一个符合本生产经营单位双重预防机制特点的信息系统，使其具备运行条件。因此，生产经营单位应根据自身的信息化人才力量，选择自主开发或外包开发、采购商业软件个性化修改。系统建设阶段除了系统功能设计之外，还需解决系统数据库格式以及数据关系、标准问题，然后按照相关要求进行初始化数据准备。当双重预防信息系统完成测试等工作后，需要将准备好的数据导入系统，为系统运行提供数据保障。

② 双重预防机制信息化运行阶段

双重预防信息化运行阶段起始自研发团队交付导入各种数据，完成初始化信息系统，然后开展对所有用户的使用方法培训。数据完备、所有用户会使用信息系统后，运行阶段的核心工作就是要保证信息系统能够长期、有效运行。在这个阶段需要做到以下两点关键工作：第一，建立信息系统使用考核制度加以保障；第二，信息系统要提供对使用情况的跟踪分析功能。

③ 双重预防信息化维护阶段

双重预防信息系统只有根据生产经营单位安全生产实际情况和需求的变化而不断变化，才能具有足够的生命力。一般而言，作为管理信息系统的一种，双重预防信息系统维护主要包括：硬件与网络维护、信息安全管理、软件正确性维护和适应性维护等几种。

（2）双重预防机制培训

培训对于不断提高员工的各方面素质具有根本性意义，近年来我国安全重视程度也不断提高。双重预防机制的培训制度可以从培训对象、培训内容两个角度进行规划，前者思路的出发点是避免某些人员培训不到位出现缺训、漏训的情况，而后者的思路则是双重预防机制的每个环节的培训工作都必须到位，避免出现未经培训即开始工作的情况。

（3）双重预防机制考核与评价

考核和评价一方面判断管理体系是否达到预期目标，另一方面对下一周期的运行进行纠偏和督促。此外，考核与评价是生产经营单位的一个有力导向，能够迅速地将双重预防机制落实到实际的安全生产工作中。生产经营单位必须制定双重预防机制考核管理办法，通过考核，将双重预防机制在单位全力推行下去。考核制度应根据生产经营单位安全管理的常见或核心管理方法进行，重点梳理考核管理工作的流程、数据计算方式、结果信息公示、信息积累或调整方案等，同时也要明确考核对象、考核责任人、考核频率、考核结果的构成、考核结果的使用等等。

（4）双重预防信息与文件管理

信息与文件管理是管理体系的一个有机组成部分，包括对双重预防机制相关制度文件、资料等的管理，以及双重预防机制运行情况数据的管理。前者通过版本控制，指导生产经营单位各部门、岗位履行自身职责，后者则通过数据积累，为数据分析、挖掘等提供数据来源。信息与文件管理既保证了双重预防机制的运行，又体现出其具体运行情况，因此对于生产经营单位和政府监管监察部门都具有重要的意义。

7. 如何确保双重预防机制有效运行？

？ 问题描述

双重预防机制建设已纳入《安全生产法》，成为企业必须要开展的工作，但当前双重预防机制没有面向所有行业的建设标准，因此如何开展双重预防机制工作，确保有效运行成为企业必须要面对的问题。

？ 问题辨析

双重预防机制作为一种安全管理体系，企业应从组织机构、制度体系、信息化建设、日常运行、持续改进 5 个方面确保其有效运行。

（1）组织机构

建立以企业主要负责人为第一责任人的负责双重预防机制建设运行的

组织机构,统一协调组织双重预防机制相关工作。

（2）制度体系

制定双重预防机制各项管理制度,包括双重预防责任体系、安全风险分级管控制度、隐患排查治理制度、双重预防机制培训制度、双重预防机制考核制度等。

（3）信息化建设

按照企业双重预防机制运行流程,开展双重预防机制信息化建设,为双重预防机制运行提供支持,规范运行流程、提高运行效率。

（4）日常运行

企业员工按照个人职责要求,开展双重预防机制工作,相关部门按照双重预防考核制度执行双重预防机制考核,确保双重预防机制工作有效运行。

（5）持续改进

企业定期开展双重预防机制评审,查找问题和不足,制定改进措施,对双重预防机制工作进行不断完善、提高,实现持续改进。

[?] *问题举例*

以 L 煤矿举例说明。

（1）为深入推进双重预防机制工作,成立了以矿长为组长,分管矿长为副组长,各业务科室负责人、区队长为成员的双重预防机制工作领导小组,同时设立了双重预防机制管理办公室,办公室设在安监处,安监处长担任办公室主任。

（2）制定并下发了《煤矿双重预防机制体系构建制度汇编》(图 8-1),包括双重预防机制责任体系制度、安全风险分级管控工作制度、隐患排查治理工作制度、双重预防机制教育培训制度、双重预防机制管理信息系统工作制度。

（3）建设了煤矿安全双重预防管理信息系统(图 8-2),实现了双重预防工作流程的信息化。

（4）员工按照《煤矿双重预防机制体系构建制度汇编》相关要求,通过煤矿安全双重预防管理信息系统开展相应工作,包括风险辨识、管控,隐患排查、治理、督办、验收等,双重预防机制管理办公室对双重预防运行工作进行考核,确保双重预防机制有效运行。

关于印发《煤矿双重预防机制体系构建制度汇编》的通知

公司各单位、机关各部室：

为贯彻落实国家《标本兼治遏制重特大事故工作指南的通知》（安委办〔2016〕3号）、《关于实施遏制重特大事故工作指南构建双重预防机制的意见》（安委办〔2016〕11号）、《煤矿安全生产标准化基本要求及评分方法》以及省市区安全生产上级单位下发的关于安全风险分级管控和隐患排查治理双重预防机制（以下简称双重预防机制）体系构建系列文件要求，深入推进公司双重预防机制工作，牢牢构筑"两道"安全防线，坚决防范遏制生产事故的发生，结合公司实际，经公司研究，特制定《煤矿双重预防机制体系构建制度汇编》，现印发给你们，请认真学习，并遵照执行。

特此通知。

附：双重预防机制体系构建制度汇编，包括以下制度：

1、双重预防机制责任体系制度；

2、安全风险分级管控工作制度；

3、隐患排查治理工作制度；

4、双重预防机制教育培训制度；

5、双重预防机制管理信息系统工作制度。

图 8-1　预防机制制度汇编

图 8-2　煤矿安全双重预防管理信息系统

（5）每年开双重预防机制评审工作，对年度运行状况进行分析，提出存在问题、评估运行效果，同时提出改进建议（图8-3）。

XX矿双重预防机制年度运行分析会议纪要

时　　间：20**年12月26日

地　　点：

主 持 人：

参会人员：

会议议题：20**年度双重预防机制运行分析总结

会议内容：

结合我矿年度双重预防机制运行情况，会议分析了目前我矿机制运行过程中存在的问题，评价了当前机制运行效果，并提出了双重预防机制持续改进的若干建议，主要内容如下：

一、双重预防机制年度运行现状

1. 双重预防机制有序开展

我矿积极对接合作院校中国矿业大学，邀请矿大专业团队来矿培训指导，自双重预防机制建立实施以来，成立了领导小组和工作组，在安监处设立了双重预防办公室，配备专职*人、兼职*人。依据《安全生产标准化管理体系》相关要求，我矿双重预防机制建设工作从责任体系建立、风险点划分、危险因素排查、风险辨识、管控措施制定、管控清单划分等阶段有序开展。按照煤矿安全生产标准化要求，定期开展安全风险分级管控和事故隐患排查治理，矿长每月组织1次针对生产各系统和岗位的重大安全风险管控措施落实情况和管控效果的检查活动，结合排查出的隐患，对隐患产生的根源进行分析，并形成月度分析报告；每季度开展1次风

图8-3　双重预防机制年度运行分析会议纪要

8. 煤矿企业如何开展安全风险分级管控及隐患排查治理专项培训?

❓ *问题描述*

根据《煤矿安全生产标准化管理体系基本要求及评分办法（试行）》的要求，煤矿企业要开展安全风险分级管控及隐患排查治理专项培训。那么煤

矿企业如何开展安全风险分级管控及隐患排查治理专项培训？

📄 *问题辨析*

《煤矿安全生产标准化管理体系基本要求及评分办法（试行）》中要求煤矿企业要组织开展安全风险分级管控及隐患排查治理培训工作。

（1）其中安全风险分级管控的要求分别为：① 年度辨识评估完成后 1 个月内对入井（坑）人员进行安全风险管控培训，内容包括重大安全风险清单、与本岗位相关的重大安全风险管控措施，且不少于 2 学时；② 专项辨识评估完成后 1 周内对相关作业人员开展培训；③ 年度风险辨识评估前组织对矿长和分管负责人等参与安全风险辨识评估工作的人员开展 1 次安全风险辨识评估技术培训，且不少于 4 学时。

（2）隐患排查治理要求进行 2 项培训，分别为：① 每年至少组织矿长、分管负责人、副总工程师及安全、采掘、机电运输、通风、地测防治水、冲击地压等科室相关人员和区（队）管理人员进行 1 次事故隐患排查治理专项培训，且不少于 4 学时；② 每年至少对入井（坑）岗位人员进行 1 次事故隐患排查治理基本技能培训，包括事故隐患排查方法、治理流程和要求、所在区（队）作业区域常见事故隐患的识别，且不少于 2 学时。

📄 *问题举例*

（1）L 煤矿拟组织开展××年安全风险分级管控专项培训工作

① L 煤矿应在××年度风险辨识评估前组织相关人员（矿长、分管负责人等参与安全风险辨识评估的工作人员）进行安全风险辨识评估技术培训，培训内容包括风险点划分、辨识对象识别、风险辨识内容、风险类型划分、辨识方法、风险评估方法、安全风险等级划分、重大风险认定、风险管控措施制定、管控层级划分、管控组织、管控清单编制等技术方法，培训学时应不少于 4 学时。

② L 煤矿在年度风险辨识完成（形成年度风险辨识评估报告）1 个月内需进行安全风险培训，培训对象为入井（坑）人员和地面关键岗位人员，培训内容包括重大安全风险清单和与本岗位相关的重大安全风险管控措施，旨在让相关人员辨识矿井（坑）在安全生产过程中存在的重大风险，包括风险点、风险类型等基本内容，并掌握本岗位相关的重大安全风险管控措施，培训学时应不少于 2 学时；专项风险辨识评估完成（形成专项风险辨识评估报告）1 周内，在评估结果应用于方案设计、规程完善或技术措施编制之前，对

相关作业人员进行培训,通过培训应确保重大安全风险区域作业人员了解相关的重大安全风险管控措施,掌握自身职责并严格落实。

(2)L煤矿拟组织开展××年事故隐患排查治理专项培训工作

①L煤矿××年至少组织1次事故隐患排查治理专项培训,培训对象为矿长、分管负责人、副总工程师及生产、技术、安全科室相关人员和区(队)管理人员,培训内容为事故隐患排查方法、隐患分级方法、隐患治理措施制定方法、隐患验收销号、事故隐患督办、隐患台账编制、隐患排查治理考核方法等,培训学时应不少于4学时。

②L煤矿××年至少对入井(坑)岗位人员进行1次事故隐患排查治理基本技能培训,培训内容包括事故隐患排查方法、治理流程和要求、所在区(队)作业区域常见事故隐患的识别,培训学时应不少于2学时。

9. 如何发挥督导考核在保障双重预防机制有效运行中的作用?

问题描述

有些企业认为考核管理是对企业员工日常工作表现的评价考核,评价指标仅仅是用于确定员工个人晋升、薪资发放的基本依据。

问题辨析

这种认识是不全面的,考核是现代企业管理的重要工具,通过健全绩效考核体系,推动从业人员了解企业各项规章制度,掌握并熟知岗位职责,保质、保量地完成工作任务。考核管理不仅能够提高企业竞争力和员工整体素质,并且促进企业管理流程更加科学化、规范化。

在双重预防机制建设运行过程中,以有效的考核机制为手段,切实将考核评价与各管理环节相结合,建立完善的督导和考核机制,是形成正确决策的前提条件。在运行过程中不断调整优化考核的细则和流程,科学地运用考核评价结果,推动双重预防机制不断改进,在企业内部形成可持续的安全保障体系,并充分利用企业管理信息平台,逐步推动考核工作的信息化、智能化,运用技术手段提高考核管理水平和质量。

建立企业安全双重预防机制考核制度是促进企业安全双重预防机制建设和有效推行的方法。通过制定、完善双重预防工作考核评价办法,建立健全常态化的督查机制,推动双重预防在企业全面落地生根,有助于实现企业各项目标任务的落实到位,保障企业安全生产可持续发展。

问题举例

某企业相关部门制定并实施双重预防机制考核制度,全面推进双重预防机制建设,深化和加强了机制运行水平。制度包括以下内容:

(1)考核目的

为认真贯彻执行安全生产方针和目标,落实风险分级管控和隐患排查治理工作,科学管控生产运行中的潜在危险因素,促进双重预防工作的有效推进,切实保障职工的身体健康和企业的生产安全。

(2)适用范围

本制度适用于企业所属各部门双重预防考核奖惩工作。

(3)双重预防机制考核办法

① 在生产系统、生产工艺、主要设施设备等发生重大变化时,按规定要求及时开展风险专项辨识评估,奖励专业负责人、技术主管各500元,专管员200元。没有完成或没有按要求完成,对责任人对等处罚。

② 安全员未及时下发隐患整改通知单的,发现一次对安全员处罚100元。

③ 对"双重预防机制"考核不合格的个人,经培训后仍无提高或不合格,相关责任人及部门处罚500元以内并在企业内部通报。

④ ……

(4)考核频次

安全管理部每月对各车间(部门)双重预防机制运行情况进行考核,并进行考核记录。

10.风险辨识培训中常见的问题有哪些?

问题描述

风险辨识是双重预防机制建设过程中的一个重要环节,也是一个非常耗时耗力的环节。在风险辨识培训工作中,存在很多共性的问题,需要所有进行双重预防机制建设的企业予以重视。

问题辨析

共性的问题主要体现在6个方面:

(1)辨识小组成员选派不合理

根据辨识小组成员选派的原则,辨识小组成员应选派各专业科室、区队的骨干员工参与,考虑到本部门的工作压力问题,选派部门的主管领导在选派人的时候,往往选派一些在本部门干活质量差、业务水平低、责任心不足的员工,以期不影响本部门的工作。这样的成员集中到风险辨识小组后,不但无法完成本职的工作,反而可能会影响整个小组的工作效率。

（2）辨识小组成员对辨识培训不重视

辨识小组的人员来自各个业务单位,如果不是对双重预防机制有充分的认识,往往会将其视为非本部门的临时差事,并不重视。这种思想体现到培训过程中突出表现就是接受培训不认真,人在现场,心不在现场。另外,忽视培训内容也会直接导致辨识培训效果差,员工在辨识过程中无从下手,或只凭自己理解,辨识结果质量差。

（3）辨识小组工作效率不高,进度拖延

很多企业甚至是集团在做辨识时,辨识小组效率不高,预期计划屡屡被打破,造成后续工作非常被动。这在很多企业进行相关工作时,已经不是个别现象,有着相当大的普遍性,需要引起决心进行双重预防机制建设的企业重视。

（4）辨识小组对于临时出现的问题没有及时沟通

风险辨识涉及全矿所有部门、所有地点、所有工种、所有工序,因此特殊性的问题往往层出不穷,难以在辨识开始之初的辨识规范中全部予以明确。这就要求辨识小组在辨识过程中及时进行讨论、完善。因辨识小组是来自各个部门的临时性组织,所以辨识小组内的员工熟悉程度一般并不高,这就造成大家有问题时,倾向于依照自己的理解进行处理,而不展开讨论。这种情况往往在最后的审核中会明显暴露出来,从而造成大量的返工现象。

（5）双重预防机制建设小组权限不足,无法管理辨识小组

由于辨识小组的人员属于临时抽调,在管理上难度非常大,如果辨识小组成员没有脱产集中办公,这种管理难度就更高。很多企业的双重预防机制小组只是辨识小组的召集人和协调人,没有权力对辨识小组成员进行考核。因此在进度和质量方面出现问题时,双重预防机制建设小组没有很好的应对措施。

（6）辨识结果与实际脱节

双重预防机制建设的初衷是将企业全管理系统化,使安全质量标准、安全规程、作业规程等要求内化到企业的日常生产活动之中,切实提升安全管

理水平。风险辨识的结果必须要和生产实践中的情况很好地吻合,才能确保辨识结果在企业的双重预防机制中起到基础性作用。很多企业在风险辨识时,只注意从上到下推动,忽视了从下到上的反馈,有些辨识结果只是理论上的结论,而背离了企业生产的实际情况。

除了上述常见问题以外,还有一些个性化的问题,如:辨识风险时过分参考其他企业信息、辨识结果的使用目的不明确,造成反复修改辨识模板、不同辨识人员成果的统合问题等等。虽然可能存在的问题很多,但只要方向正确,就会不断向目标前进,而且风险数据库也是在使用过程中不断完善。

11. 企业运行双重预防机制中应该保存哪些资料? 保存期限是多久?

❓ *问题描述*

企业在开展双重预防机制建设工作时,会产生大量的文档、报告等资料,那么企业运行双重预防机制应该保存哪些资料? 保存期限是多久?

❓ *问题辨析*

企业在运行双重预防机制的过程中会产生大量的文档、报告等资料,应完整保存相关资料。至少包括:

(1) 风险点台账、安全风险管控清单、年度和专项辨识评估报告、《重大安全风险管控方案》等文件;

(2)《重大安全风险管控方案》落实情况记录;

(3) 重大隐患排查计划、排查记录、治理方案、治理记录;

(4) 月度、半月排查记录;

(5) 隐患台账;

(6) 不安全行为台账;

(7) 月(季)度分析总结会议记录和报告;

(8) 双重预防机制年度运行分析报告;

(9)安全风险分级管控和事故隐患排查治理的培训资料。

相关资料可采用纸质或电子版形式进行留存,材料宜分类建档管理,建议企业结合信息化管理,将材料电子化,方便保存记录的同时也方便各部门间交流和上级检查时随时调阅,节省人力。同时年度和专项安全风险辨识报告、重大事故隐患信息档案至少保存 3 年,其他风险辨识后和隐患销号后保存 1 年,其余相关性文件保存 1 年。

[?] *问题举例*

  L 煤矿××年负责双重预防机制建设的部门安排专人将本矿双重预防运行中产生的风险点台账,安全风险管控清单,年度和专项辨识评估文件,《煤矿重大安全风险管控方案》及落实情况,重大隐患排查计划,排查记录,治理方案,治理记录材料,月、旬度检查记录,隐患台账,不安全行为台账,月度、季度分析总结会议记录和报告以及双重预防机制年度运行分析报告、安全风险分级管控和事故隐患排查治理的培训资料等进行时时搜集、整理、归档,同时根据保存期限及资料类别进行分类档案化留存,极大地方便了日常检查及资料查阅。

12. 如何进行双重预防标准化数据库建设?

[?] *问题描述*

  为进一步提升双重预防机制运行效率,不少企业开始探索进行双重预防数据标准化数据库建设,那么如何进行双重预防标准化数据库建设呢?

[?] *问题辨析*

双重预防标准化数据建设应遵循以下原则:

  需符合企业安全生产实际,要根据"人、机、环、管"实际进行建设,实现"一企业一库"或"一区域一库",可参考但不能照搬行业内同类企业数据库;

  需符合法律、法规及行业要求,不能背离相关条文中对风险、隐患或"三违"的判定标准;

  需建立标准化数据库动态更新机制,保证标准化数据库实时更新、修正或扩展,以进一步贴合企业安全管理实际需要。

[?] *问题举例*

(1)标准化风险数据库建设

  首先,可结合往年本企业辨识出的风险清单数据,进行归纳、梳理及清洗,整理出本企业"常态"存在风险,按照风险点类型、风险描述、风险等级、管控措施等要素进行整理,建立起企业基础风险数据库;其次,结合行业内风险认定标准,将行业内认定的风险(如重大风险)纳入基础风险数据库中;在企业基础风险数据库建立的基础上保持对基础风险数据的日常更新维护,实现风险数据库的"标准化"提升。

（2）标准化隐患数据库建设

考虑到隐患排查治理机制已经在各企业运行多年，标准化隐患数据库建设可基于以往企业安全生产过程中积累的隐患数据进行归类整理和分析，从庞大的基础数据资源中进行数据清洗和抽取，"提炼"出符合本企业实际的隐患标准数据库，同时对照法律法规及行业标准等进行补充、修正完善即可建立起标准化隐患数据库，同样需保持数据库的动态更新机制。

（3）标准化"三违"数据库建设

标准化"三违"数据库建设可基于企业以往的不安全行为记录数据进行分析、归类，即可建立标准化"三违"数据库，同时建立动态更新机制。

第九章
双重预防机制应用

1. 在现有的安全管理体系上,建立双重预防机制是不是还要另起炉灶再搞一套?

? 问题描述

很多企业对建立双重预防机制有排斥心理,他们认为本企业已经建立了其他的安全管理体系,如安全生产标准化管理体系、HSE 管理体系、NOSA 五星管理体系等,觉得没有必要再建立一套安全体系,给员工增加负担,给安全管理带来阻力。

? 问题辨析

上述理解是错误的。无论是安全生产标准化体系、HSE 管理体系、NOSA 五星管理体系,还是企业建立的其他风险管理体系,其本质核心都是围绕风险的管理系统。双重预防机制的核心也是基于风险管理的思想和要求,但它强调的是方法论,不是设计一套形式化的文件,企业现有的安全生产标准化体系或职业安全健康管理体系本身就是控制风险、预防事故的有效管理方法,它们就是双重预防机制的一部分。双重预防机制以问题为导向,抓住了风险管控这个核心;以目标为导向,强化了隐患排查治理。这与国家安全监管总局以往部署的工作是一脉相承的,是一个有机统一的整体,因此,双重预防机制建设不是另起炉灶、另搞一套。

(1) 融合目标

从企业管理角度来看,引入各种个性化安全管理方法,其目标应该一致,必须明确安全管理的出发点是遏制重特大事故的发生,杜绝零打碎敲事故的发生。在目标统一的基础上,可以对不同的流程进行优化,其不同点只是在于采取何种手段更加适合企业特点,更加有效发挥安全管理的作用。

(2) 融合思路

① 研究机制之间的关联度

双重预防机制内容与现有机制的内容有很多相似之处,多个机制要素可以融入双重预防机制工作之中。因此,我们要研究各机制之间的关联度,无论何种安全管理方法,都包含对现场的安全管控,都可以与双重预防机制流程相融合。

② 与个性化管理方法互为补充

双重预防机制作为一种安全管理方法,对安全管理工作提出了基本要求,但各行各业生产工艺、装备技术、从业人员、现场环境等方面具有独特的属性,乃至同行业内不同企业之前由于所有制性质、生产规模和工艺设备等有所差异,企业安全管理模式亦有所不同。双重预防机制面向企业生产经营过程中"人、机、环、管"各个方面,无论企业当前执行何种个性安全管理方式,都可以与双重预防机制进行融合,用超前管理的思想主动应对生产经营过程中的各种风险和挑战,实现企业安全管理体系安全、高效的最终目标。

③ 各要素之间的资源整合

企业安全管理离不开人力和物力资源,要实现不同机制之间的融合,需在原有安全生产组织架构基础上,专门或合署成立双重预防机制的领导与工作机构,设置专职或兼职管理部门,配备专职管理人员,并以企业正式文件形式明确规定机构和相关成员工作职责,并提供必要的资源(基础设施、人力资源、专项技能、技术资源、财力资源)等。

🔲 *问题举例*

某企业已经建立了 NOSA 五星管理体系,在此基础上研究与 NOSA 管理体系相融合的双重预防机制,减少安全生产一线重复性工作,降低信息化系统落地实施难度。

双重预防机制与现行 NOSA 管理体系有相同的核心要素,即都是以风险评估和风险控制为前提,实现以风险管理、安全生产为主要目标的管理体系。两者采用的基本原理是一样的,都是戴明模型,即:"策划(Plan)、执行(Do)、检查(Check)、改进(Act)"四个相互关联的环节,建立一个动态循环(PDCA)的管理模式,不断改善企业的安全绩效,实现安全生产目标。

NOSA 五星管理体系与双重预防机制的核心流程可以完全对应,其对应关系如图 9-1 所示。

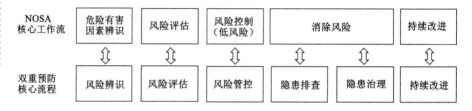

图 9-1 NOSA 与双重预防机制的对应关系

当然,双重预防机制与现行 NOSA 管理体系也存在不同之处。NOSA 管理体系是建立安全、环境、健康管理体系,面向范围广,而双重预防机制是建立风险分级管控和隐患排查治理体系,聚焦安全生产。NOSA 管理体系核心要素侧重于应该做哪些事情;双重预防机制则明确风险和隐患应如何处理,侧重于具体流程。因此,在进行体系融合的时候要结合企业安全工作实际,合理优化体系运行流程,提高双重预防机制的运行效率。

2. 为什么说双重预防机制能有效遏制重特大事故?

[?] 问题描述

安全管理的方法和模式很多,但是真正能对企业安全管理产生实效和促进的却很少,很多企业在选择双重预防机制进行安全管理的时候,难免会产生疑问,双重预防机制真的能有效遏制重特大事故吗?

[?] 问题辨析

之所以会产生疑惑,主要是对双重预防机制预防事故的内在逻辑和原理缺乏正确的认识。科学合理地运用双重预防机制,是一定能有效遏制重特大事故的。

对安全事故的预防有两层含义:一是事故本身的预防工作,即通过安全管理和安全技术等手段,尽可能地防止事故的发生,实现本质安全;二是在假定事故必然发生的前提下,通过预先采取的预防措施,达到降低或减缓事故的影响或后果的严重程度。

企业在同等管理水平和技术手段的前提下,为了更好地完成安全事故预防工作,只能通过事先预防的手段来实现安全管理的目的。

1941 年,美国著名安全工程师海因里希统计了 55 万起机械事故,其中死亡、重伤事故 1 666 起,轻伤 48 334 起,其余则为无伤害事故。这个统计规律说明了在进行同一项活动中,无数次意外事件,必然导致重大伤亡事故的发生。在此基础上,通过分析工伤事故的发生概率,他提出了 300∶29∶1 法则,这就是海因里希法则(图 9-2)。这个法则意思是说,当一个企业有 300 个隐患或违章,必然要发生 29 起轻伤或故障,在这 29 起轻伤事故或故障当中,必然包含有一起重伤、死亡或重大事故。这一法则完全可以用在企业的安全管理上,即在一件重大的事故背后必有 29 件"轻度"的事故,还有 300 件潜在的隐患。

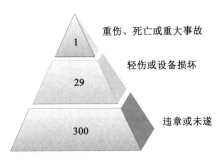

图 9-2　海因里希法则

因此,事故发生短期是偶然,长期是必然。安全事故的发生会经历多个环节,环环相扣,任何一个中间环节起到了预防作用,事故就能避免,要防止重特大事故的发生必须减少和消除无伤害事故,要重视事故的苗头和未遂事故,由此可见,安全事故的预防其根本手段就是源头治理。

而双重预防机制正是基于源头治理的安全理念,把隐患挺在事故的前面,把风险挺在隐患的前面,使安全关口不断前移,最终达到遏制重特大事故发生的效果。双重预防构筑了两个逻辑循环:第一个循环是隐患闭环,确保发现的隐患都得到有效治理;第二个循环是风险闭环,通过隐患排查发现风险管控失效的情况,总结规律,不断完善风险辨识结果。通过两个循环相互衔接,不断提升企业风险管控能力。

? *问题举例*

下面,我们把事故类比成洪水的演变来说明双重预防机制是如何实现源头治理的。

如果把事故演化过程比作一条河,那么上游就是风险,中游是隐患,下游是事故。由图9-3可知,事故发生之后,只能实施应急救援与现场恢复,毕竟事故已经发生,损失已经造成。为了防范下游不出现洪水,可以在中游筑堤坝、抢险、堵漏洞。如果中游的隐患已经形成,则关键在于治理。但是仅仅从中游的隐患治理,不可能真正解决下游不发生事故的问题。这必然会造成疲于应付,不断治理隐患,又不断发现新的隐患。要真正摆脱这种被动局面,就必须继续往上游走,从源头治理,涵养水土,保护生态,使中游不发生洪水,不再出现隐患。在安全管理中,源头就是风险,源头治理就是加强风险管控。

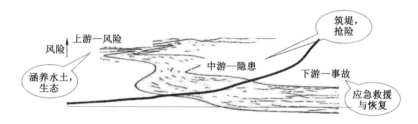

图 9-3 事故演化示意图

因此,正是基于双重预防机制的风险防控和隐患闭环治理,形成了防止事故发生的两堵墙,在安全管理中,将事故消灭在萌芽状态,不断夯实企业的安全管理基础,持续提高企业的安全管理水平。

3. 双重预防机制对于重特大事故风险较小的行业是否适合?

? *问题描述*

不同行业的安全风险等级差距非常大,其管理方法也各有其特点。习近平总书记在2015年底提出双重预防机制建设要求时明确指出,要对易发重特大事故的行业领域采取分级管控、隐患排查治理双重预防性工作机制,推动安全生产关口前移。因此,一些人认为双重预防机制不适合那些不易发生重特大事故的行业领域,这些行业领域不需要建立双重预防机制。

？ *问题辨析*

认为双重预防机制不适合危险性较小行业的声音一直存在,甚至有些人认为一些政府主管部门推动双重预防机制应用的工作有越位嫌疑。2021年6月新修改的《安全生产法》一锤定音,将双重预防机制列为所有生产经营单位的法定职责,并在单位整体法定职责、主要负责人职责、安全生产管理机构以及安全生产管理人员职责、制度建设以及罚则等部分都作出了相关规定,使其从"易发重特大事故的行业领域"延伸到所有行业领域,成为所有生产经营单位必须要建立、落实的法定责任。

双重预防机制是一套安全的管理方法,其核心逻辑有着非常广泛的适用性。双重预防机制的核心在于通过提前辨识风险,夯实所有人的安全生产主体责任,而与生产经营单位的固有风险实际情况关系不大,其逻辑如图9-4所示。

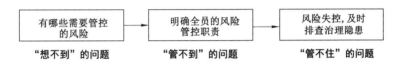

图 9-4 双重预防机制遏制事故逻辑

双重预防机制首先通过风险辨识,明确有哪些风险需要管控,解决"想不到"的问题;然后通过风险评估,明确风险管控层级、重点,结合专业,明确风险管理的职责,解决"管不到"的问题;通过风险管控和隐患排查,解决"管不住"的问题,从而有效管控风险,遏制事故。显然,这个逻辑是为了提高安全管理的针对性,解决全员责任落实的问题,而绝不是只针对涉危企业,或面向重特大事故防范。

双重预防机制提出的2015年,全国重特大事故时有发生,给人民生命财产造成了巨大损失,给社会发展带来了巨大的负面影响。为了解决这方面的问题,习近平总书记提出了双重预防机制的要求。随后,各级政府安全监管监察部门从自身职责出发,也是为了避免发生群死群伤的重大事故,在监管范围内推动双重预防机制建设。因此容易给人一种错误的理解,即:双重预防机制只适用于易发重特大事故的行业领域。实际上,不同单位对风险的承受能力是不一样的,对于任何一个生产经营单位而言,一个人的重伤或死亡都是难以承受的后果。因此，从必要性而言，任何一个生产经营单位都应该开展双重预防机制建设，把风险想在事前，整合单位内部安全管理的方法，形成合力，有效遏制事故发生。

在具体操作中，双重预防机制在重特大事故发生风险较小的行业建立、运行过程中，一个重要的问题是重大风险如何确定。在确定重大风险时，要考虑不同主体对"重大风险"辨识、采集的目的。我们知道，双重预防机制的风险辨识评估目的是明确未来风险管控重点，属于静态风险。因此，如果是生产经营单位能够明确自身内部全员风险管控责任，夯实安全主体职责，完全可以评估重大风险；如果是向上级安全监管部门汇报，形成全局数据库，则应根据上级部门对于重大风险的判定规范，如实确定重大风险。这种情况下，存在一些生产经营单位没有重大风险的可能。建议安全监管部门在根据新修改的《安全生产法》编制重大危险源标准的同时，也同步出台重大风险的辨识基本依据，规范各生产经营单位的工作。重大风险评估为广大风险较小行业企业落实《安全生产法》铺平了道路。双重预防机制完全能够也应该在所有生产经营单位中落地生根，成为各单位安全管理的核心框架。

❓ *问题举例*

生产经营单位在进行风险评估时确认的是固有风险，是一种静态风险，虽然有各种风险判定方法，但往往仍面临难以对这类风险等级进行准确判定的困难。在实际操作中，事件发生的可能性难以确定，而后果又根据人员、设备等的分布变化而不断变化，也是无法确认的。因此，一些双重预防机制建设负责人对于双重预防机制建设存在较大的疑惑，觉得难以操作或认为太学术化，过于复杂。

实际上，风险辨识评估的目的是提前确定各层级、岗位的安全风险管控责任，避免原来看似人人管安全，但对于究竟应管什么、管到什么程度又没有标准，具体工作没有任何一个人具体负责等问题。明确了这一点，就可以结合企业组织层级和安全实际情况，确定自身的辨识规范、等级。风险辨识评估的基本原则是：重要的事情由重要的人管，涉及面越广的事由越高层次的人管，一方面确保生产经营单位的主要负责人管控本单位最重要的风险，另一方面确保所有的风险都有明确的责任部门和人员，既全面覆盖，又突出重点，至于是否必须有重大等级风险并不是绝对的。但无论如何，生产经营单位的主要负责人是安全生产第一责任人，要对主体责任负有相应的责任，不能因为风险等级问题,而使主要负责人风险管控责任出现缺位的情况。

4. 企业双重预防机制建设是形式大于内容吗?

[?] *问题描述*

在国家及地方政府的积极引导下,多数涉危行业企业逐步开展了双重预防机制及信息化建设。但监管部门通过执法检查发现,一些企业在日常工作中并未真正有效运用双重预防机制,如构建了企业风险数据库,并没有形成相应的风险管控记录,又或者信息平台功能逻辑混乱,关键性数据严重缺失等,企业相关人员认为建设双重预防机制无形中增加了较多不必要的工作,与落实安全生产职责无关,甚至将其简单地归结于做资料、面子功夫。

[?] *问题辨析*

在双重预防机制建设取得积极进展的过程中,也暴露出先进理论转化为实践力量的现实难题。一些企业人员认为建设双重预防机制是某个部门编材料、录数据的事情,归根到底是从业人员对双重预防机制理解有偏差,认识不全面,双重预防机制应是全员要落实到现场的工作。

(1)双重预防机制是企业主要负责人的重要职责之一

2021年9月1日开始施行的新《安全生产法》中第二十一条,将"组织建立并落实安全风险分级管控和隐患排查治理双重预防工作机制"列为主要负责人的安全生产职责,明确构建双重预防机制成为一项法律职责。

(2)双重预防机制是推动安全生产职责层层落实的有效手段

2020年4月上旬,习近平总书记就安全生产作出重要指示强调,要加强安全生产监管,分区分类加强安全监管执法,强化企业主体责任落实,牢牢守住安全生产底线,切实维护人民群众生命财产安全。双重预防机制为企业安全主体责任履职提供了一个科学的框架,机制涵盖了大量的各层级、各岗位要落实的安全生产责任,因此,双重预防机制的落实情况在很大程度上反映了安全生产主体责任人的履职情况。

[?] *问题举例*

某企业为提升安全生产管理水平,同时积极响应国家以及地方政府相关要求,将建立双重预防机制纳入年度工作计划,制定了安全风险分级管控与隐患排查治理工作方案。

按照双重预防机制建设运行的需求,建立了以企业主要负责人为第一责任人的双重预防机制领导工作组,并下设双重预防管理办公室以及专业工作组,明确机构职能职责。按照企业实际分工和工作特点制定责任体系,分层级明确企业主要负责人、分管负责人、部门负责人、岗位人员等的安全风险分级管控和隐患排查治理工作职责。

企业将双重预防机制各项工作责任分解覆盖到各层级领导、各业务部门和各工作岗位,通过全员参与机制的建立与运行,严格履行自身安全生产职责,不断夯实安全生产主体责任,规范从业人员操作行为,大大降低了事故发生率。

5. 双重预防机制和岗位作业流程标准化是什么关系?

? *问题描述*

在双重预防机制建设不断深入的情况下,为进一步实现安全管理向岗位层级延伸,许多企业开始探索进行岗位作业流程标准化建设,那么双重预防机制建设和岗位作业流程标准化建设有什么关系呢?

? *问题辨析*

岗位作业流程标准化是以辨识管控岗位作业风险为前提,以排查治理作业过程隐患为重点,以规范管理员工岗位操作为目的,根据不同岗位制定针对性的作业流程标准,在岗位作业过程中实行流程化管理、标准化作业的一种管理模式。由此可以看出双重预防机制是岗位作业流程标准化实现的基础。

岗位作业流程标准化建设的基本过程为:首先根据岗位安全生产责任对岗位作业基础流程进行梳理,然后根据作业危害分析法对作业流程中各环节存在的作业风险进行辨识,接着针对作业风险制定管控措施,并以制定的管控措施对原基础作业流程进行“标准化”处理,即制定出标准化作业流程,岗位员工在作业过程中按照标准化的流程作业,及时排查作业过程中存在的隐患并进行治理,最终实现员工规范化作业,消除岗位隐患。

? *问题举例*

以采煤机司机岗位作业流程标准化为例进行说明。采煤机司机首先了解采煤作业的岗位职责,要做哪些工作,对作业过程有较为深刻的认知,在此基础上对作业过程进行步骤分解,辨识每一步作业存在的风险,如在开机前检查环节中存在“未检查喷雾装置是否齐全、完好,水压、水量是否符合规定,会产生设备超温损坏或煤尘事故的风险"(风险1),在停机操作环节中存在"采煤机停止工作或检修时,未切断电源,未闭锁设备,会产生伤人事故的风险"(风险2)。针对这两项风险分别制定了管控措施"检查冷却装置是否齐全,保证水压、水量符合规定"(管控措施1)及"采煤机停机工作或检修时应切断电源,并对设备闭锁"(管控措施2)。在针对风险的管控措施制定后,将管控措施作为作业标准体现在作业流程中,就形成了采煤机司机标准作业流程,如在开机前作业环境检查时,制定标准"检查冷却和喷雾装置齐全,外喷压力不低于4 MPa,内喷压力不低于2 MPa"(标准1),在采煤机停机时制定标准"断开磁启动器的隔离开关,将闭锁工作溜子置于闭锁状态"(标准2)。

6. 如何实现岗位作业流程标准化与双重预防机制的融合应用?

？ 问题描述

很多行业生产经营单位在推广岗位作业流程标准化实施应用后,发现效果并没有达到预期,究其原因是没有找到合适的手段和方法,使岗位作业流程标准化实现常态化运行。

？ 问题辨析

如何把岗位作业流程标准化与双重预防机制进行融合应用?从表面来讲,岗位作业流程标准化首先是岗位,其次是流程化管理,再次是标准作业,就是在岗位作业过程中实行流程化管理、标准化作业的一种管理模式。从深层次来讲,就是通过开展岗位作业流程标准化达到三个目的:辨识管控岗位作业风险、排查治理作业过程隐患、规范管理员工行为。

要实现岗位作业流程标准化与双重预防机制融合应用,必须采用合理、有效的方法、手段。首先,要组织人员编制岗位作业流程标准化指导书,指导书内容应包含岗位流程、作业标准和岗位风险。其次,开发应用信息系统和手机App。让岗位人员通过App随时随地学习掌握岗位作业标准和岗位风险。再次,让岗位人员在日常工作中操作手机App,对App里的岗位作业标准和岗位风险进行确认,通过长期不断的练习能够提高岗位人员技能水平,增强岗位人员安全意识。最后,在应用效果方面,可采取定期抽查的手段来检验职工掌握情况,也可借助手机App对职工进行现场抽查、询问,进行打分,分值可直观反映作业流程标准化应用效果。但从最终应用效果来说,分值只体现了职工的掌握情况,需要对企业周期内产量、效率、工伤事故、设备故障率(人的原因:检修维护和使用等)等关键指标进行统计,这些方面才能最终体现岗位作业流程标准化应用效果。

❓ *问题举例*

2021年××集团有限公司开展了岗位作业流程标准化与双重预防机制的融合试点应用,集团组织编制了《岗位作业流程标准化指导书》,作业流程标准包含项目、作业步骤、作业标准、风险类型、危害因素、管控措施等字段,并同步开发了岗位作业流程标准化系统功能(见表9-1、表9-2)。

表 9-1　PC 端功能菜单

序号	一级菜单	二级菜单	备注
1	岗位作业标准数据库	/	
2	动态管控	岗位作业确认	
		岗位隐患排查	
3	岗位作业标准评分	岗位作业标准训练	
4	统计分析	/	
5	区务管理		
6	安全培训	培训任务	
		培训课件	
7	基础数据维护	岗位管理	
		用户管理	

表 9-2　App 功能菜单

序号	一级菜单	二级菜单	备注
1	标准化指导书	/	
2	动态管控	岗位作业确认	
		岗位隐患排查	
3	岗位作业标准评分	岗位作业标准训练	
4	区务管理	/	
5	在线培训	/	

在现场应用融合方面,××集团有限公司充分考虑了岗位作业流程标

准化实施和管理两个方面。

（1）岗位作业流程标准化实施

① 培训

岗位人员通过学习岗位作业流程标准化指导书、岗位知识题库、岗位标准化操作培训视频及其他学习资料，首先可以知晓自身岗位职责和作业任务内容；其次，可以了解掌握本岗位存在的安全风险、管控措施和隐患排查治理标准；再次，可以熟知岗位知识和操作技能；最后，也可以学习在紧急、异常情况下的应急处置措施和方法，避免事故损失扩大。

② 现场实施

岗位作业流程标准化现场实施工作，可印制指导书手册，发放给职工工作期间随身携带，有条件的工作场所也可使用手机 App（图 9-5）。

具体实施步骤是：岗位作业人员进入作业区域内，应首先对作业环境、设备设施、协同作业人员精神状态、劳保用品进行安全确认，开展安全风险评估，并在作业过程中随时进行隐患排查治理。

图 9-5　岗位作业标准及安全风险评估功能页面设计图

其中，安全风险评估是依据岗位作业流程标准表单每个流程步骤内的安全风险提示开展现场风险评估，检查管控措施是否落实或是否有效，如未执行管控措施或管控措施失效，则演变为隐患，及时进行治理。

隐患排查治理实施方法和过程是，岗位人员在作业前和作业过程中随时进行隐患排查,发现隐患及时汇报,班组长制定现场治理方案安排治理,如无法治理则上报区队进行处理。在与下一班交接过程中应交接隐患治理情况,关注隐患是否有效消除。

岗位作业过程中按照流程步骤逐项进行操作,操作时应按照表单内作业标准执行,养成按标准作业的习惯;如果作业过程中出现紧急、异常情况,依据应急处置标准进行处理,并同时汇报班组长、跟班队长,跟班队长和班组长组织协调应对。

（2）岗位作业流程标准化管理

为提高岗位作业流程标准化指导书现场应用效果,××集团有限公司建立了岗位作业流程标准化管理制度,通过现场抽查作业人员岗位作业流程标准化掌握和执行情况,促进应用。

具体方式是,管理层人员使用手机 App 评分功能,开展现场检查评分,系统按月统计各单位平均分值,评分结果可反映各单位职工掌握情况。

7. 双重预防机制建设如何和企业特色管理模式融合?

⁇ 问题描述

双重预防机制建设已经列入《安全生产法》要求,企业必须无条件执行,在双重预防机制提出之前,一些企业已经根据自身安全管理需求建立了相应的安全管理机制,其管理的核心要素和双重预防机制要求类似,如果不考虑双重预防机制与企业特色管理的有效融合势必会造成"两张皮"管理现象,不但增加企业管理负担且达不到双重预防机制运行效果,那么如何实现双重预防机制建设和企业特色管理模式的融合呢?

⁇ 问题辨析

要实现双重预防机制与企业特色管理模式的融合需从以下几点入手:

（1）企业安全管理模式调研

分析企业当前现行安全管理模式,梳理管理流程及要素,明确企业现行管理机制中对风险、隐患的管理流程。

（2）企业安全管理模式存在问题分析

对照双重预防机制建设标准,梳理企业当前对风险、隐患管理流程存在的问题,如管理层级、管理周期、闭环机制、持续改进机制等,提出企业管理模式可优化提升空间。

（3）企业安全管理模式优势分析

分析当前企业安全管理模式较双重预防机制存在的优势，如管控层级更具体、过程管控要求更严格、特定作业场景管控更适用等。

（4）与双重预防机制融合

用双重预防机制的优势来解决现行企业安全管理模式中存在的问题，同时吸纳企业现行安全管理模式的优势，建立融合了企业特色的双重预防机制及信息化平台，既满足国家对双重预防机制建设要求，又同时满足企业自身安全管理需求。

[?] *问题举例*

××煤业公司在进行双重预防机制建设过程中，充分考虑了双重预防机制与企业特色管理模式融合问题，保留了煤业公司突出问题和敏感信息管控、"五五六"（五类强推、五个变化、六项重点）安全预控管理法等特色管理机制，建立了基于本矿特色管理模式的双重预防机制及信息化管理平台，提升了安全管理效果。

8. 双重预防机制与安全生产标准化融合的方式方法是什么？

[?] *问题描述*

2016 年，国务院安委办印发《国务院安委会办公室关于实施遏制重特大事故工作指南构建双重预防机制的意见》（安委办〔2016〕11 号）要求："要引导企业将安全生产标准化创建工作与安全风险辨识、评估、管控，以及隐患排查治理工作有机结合起来，在安全生产标准化体系的创建、运行过程中开展安全风险辨识、评估、管控和隐患排查治理。要督促企业强化安全生产标准化创建和年度自评，根据人员、设备、环境和管理等因素变化，持续进行风险辨识、评估、管控与更新完善，持续开展隐患排查治理，实现双重预防机制的持续改进。"

2021 年 6 月 10 日公布的新《安全生产法》中将双重预防机制建设列为生产经营单位和主要责任人的重要安全生产法律职责，而且具有强制性要求。因此，为符合法律要求，生产经营单位必须要建立双重预防机制，从而就面临着如何将双重预防机制与安全生产标准化融合并同步建设、运行的问题。

根据国家政策要求,以及双重预防机制与安全生产标准化之间的联系,双重预防机制与标准化各要素的融合可参考以下方式方法。

（1）目标职责

依据企业安全风险管控目标,尤其是重大安全风险管控目标,可以更合理地制定企业安全生产目标;把安全生产目标进行任务分解,把风险管控职责融入各级人员安全生产责任制,从而落实各层级人员安全生产责任。

（2）制度化管理

安全生产标准化要求企业建立的制度多达十数项,其中安全风险分级管控、隐患排查治理、安全生产奖惩制度和教育培训制度是标准化不可或缺的重要制度。制度文件编制不是标准化搞一套、双重预防搞一套,必须要融合统一,内容要求上不能自相矛盾,例如:教育培训制度可以把安全风险辨识评估培训、安全风险辨识结果培训和隐患排查技术培训融入其中,提高从业人员现场评估风险、排查隐患方面的安全技能;可以把双重预防机制运行考核制度融入安全生产奖惩制度,从而细化安全奖惩制度要求。

（3）教育培训

目前,企业教育培训工作特别是基层人员教育培训主要以安全意识、安全技能和操作技能为主,一方面,需要企业加强职工风险辨识评估和隐患排查治理技术培训,提高职工的现场风险辨识评估能力和隐患排查能力;另一方面,企业应把本单位工作场所和岗位上存在的安全风险和防范措施通过培训告知职工,提高职工在作业现场的风险防控能力。

（4）现场管理

现场管理应以问题为导向执行、落实安全风险管控措施,以目标为导向开展检查,确认安全风险管控措施落实情况,评审安全风险管控效果,排查安全风险管控过程中是否存在安全隐患,运用双重预防性工作机制将安全标准化中对现场管理的各项要求有效落地,防止体系要求和现场管理出现"两张皮"现象。

（5）应急管理

为做好事故防范和处置,应急管理工作本身就要求针对企业行业生产属性特点开展安全风险辨识分析与评价分级,根据辨识结果制定应急预案,建立应急管理组织机构,配齐应急物资装备,开展定期应急演练。可以说应急管理是风险管控措施和风险失控后的补救,其本身即是围绕风险管理的一项工作,广义而言属于双重预防机制的一部分。

（6）事故管理

企业应依据事故调查处理报告中提出的整改和防范措施来完善企业安全风险分级管控工作中的不足,加强安全风险防控,减少事故发生的概率和事故损失程度。事故防范重点在于执行落实,事故调查处理不能走过场,一定要让从业人员受到教育,把整改和防范措施真正落实到位,安全风险才能得到有效管控。

（7）持续改进

持续改进是以分析总结体系运行质量为基础,以调整完善相关制度文件和过程控制为手段,不断提高企业安全生产绩效,因此,持续改进工作的关键是评审体系运行质量。企业安全生产活动是动态变化的,安全风险也不是一成不变的,安全风险分级管控和隐患排查治理需要闭环改进,实现三个"闭环",通过双重预防机制的闭环运行可以更好地发现安全生产现场和管理中存在的缺陷和不足,在"风险管理"思想的指导下做好安全生产标准化体系"顶层设计",更有效地落实和运行安全生产标准化。

两者有机融合后,生产经营单位的双重预防机制建设既能够满足《安全生产法》的相关要求,同时也能够满足行业安全生产标准化的要求。

9. 双重预防机制如何与安全生产责任制相融合?

[?] *问题描述*

在建设双重预防机制时,是要在安全生产责任之外另做一套机制还是将双重预防机制与安全生产责任制相融合,双重预防机制该怎么和生产经营单位的安全生产责任制结合,发挥更大作用。双重预防机制和安全生产责任制的关系是什么? 如何有效融合?

[?] *问题辨析*

2021 年 9 月 1 日新《安全生产法》颁布实施,《安全生产法》总则第四条要求:"生产经营单位必须遵守本法和其他有关安全生产的法律、法规,加强安全生产管理,建立健全全员安全生产责任制和安全生产规章制度,加大对安全生产资金、物资、技术、人员的投入保障力度,改善安全生产条件,加强安全生产标准化、信息化建设,构建安全风险分级管控和隐患排查治理双重预防机制,健全风险防范化解机制,提高安全生产水平,确保安全生产。"

《安全生产法》中明确要求生产经营单位要建立健全全员安全生产责任制,另外此次《安全生产法》的一个重要修改,就是突出了从源头上防范化解安全风险的要求,将安全风险分级管控和隐患排查治理双重预防机制建设要求纳入生产经营单位的安全生产法定职责。那么安全生产责任制和双重预防机制到底是什么关系呢?

安全生产责任制是根据我国的安全生产方针"安全第一,预防为主,综合治理"和安全生产法规建立的各级领导、职能部门、工程技术人员、岗位操作人员在劳动生产过程中对安全生产层层负责的制度。安全生产责任制是企业岗位责任制的一个组成部分,是企业中最基本的一项安全制度,也是企业安全生产、劳动保护管理制度的核心。总的来讲,安全生产责任制是一种安全管理制度。

双重预防机制是以安全风险分级管控和事故隐患排查治理为核心,以事故预防关口前移为基本要求内涵,以预防事故发生为最终目的的一种安全管理运行机制。总体来讲,双重预防机制是一种安全管理的方法和手段。

而安全生产责任制和双重预防机制之间的关系在于:安全生产责任是生产经营单位安全管理责任体系的基本要求;双重预防机制是在安全生产责任制规定安全管理责任体系基础上运行的一种安全管理机制,是安全生产主体责任落实的一种具体有效手段。在以往各生产经营单位安全管理实际工作中普遍面临着一个问题,安全生产责任制文件已经制定,但如何有效落地? 如何真正实现安全生产主体责任落实? 双重预防机制的建立可将安全风险管控责任具体落地到生产经营单位人、机、环、管各个具体要素,可最终有效实现安全生产主体责任的落实。

安全生产责任制规定了各个层级人员的安全管理责任,可为双重预防机制运行过程中责任划分进行指导,双重预防机制运行同样需要有具体的机制运行制度文件,其制度文件的制定要以安全生产责任制为依据,将安全生产责任制既定的责任体系体现在双重预防机制中,即实现安全生产责任制和双重预防机制的有效融合。完全可以说企业建立、运行双重预防机制就是落实企业的安全生产主体责任。

[?] *问题举例*

某企业了解双重预防机制的意义之后,决定在原有的管理体系基础上开展双重预防工作,将各级管理人员以及岗位员工的安全职责梳理清晰,在建立双重预防机制时,相关制度文件以安全生产责任制为依据,将辨识评估任务、风险管控和隐患排查重新进行分配,实现双重预防机制与安全生产责任制的有效融合。

10. 如何基于双重预防数据实现安全风险的动态评估?

问题描述

风险辨识评估是基于静态风险进行评估的结果,那么双重预防机制及信息化系统平台建立后,在运行过程中会产生大量的风险、隐患及不安全行为数据,是否可以基于这些风险、隐患及不安全行为数据实现企业安全风险动态评估?

问题辨析

双重预防机制运行过程中产生的数据包含风险辨识及过程管控数据、隐患排查及治理数据和不安全行为管理数据("三违"数据)。风险清单及过程管控情况、隐患清单及闭合管理情况、"三违"发生情况可在一定程度上反映企业安全管理存在的问题及现状,因此可基于风险、隐患和"三违"数据情况进行企业安全风险动态评估,反映企业安全态势。

(1)风险

企业年度风险辨识、专项风险辨识主要目的在于研判企业存在安全风险,企业安全风险辨识的数量和风险等级可直观地体现出当前企业安全风险水平,风险数量越大(特别是重大风险)代表企业风险指数越高,风险管控失效后会导致企业风险指数进一步升高。

(2)隐患

风险失控后会产生隐患,使事故发生的可能性进一步升高,隐患数量越多,事故发生的可能性越大,特别是出现重大隐患后可能导致重特大事故的发生,隐患排查出来后,未有效治理闭环,可使事故发生可能性进一步增大,企业安全态势会更加严峻。

(3)不安全行为

人的不安全行为出现后会导致风险失控甚至重大隐患的出现,不安全行为出现频次越高,企业安全态势越严峻。

因此,企业在双重预防机制及信息系统正常运行的基础上,可基于风险数量及过程管控情况、隐患数量及治理情况和不安全行为出现情况进行企业安全风险动态评估。

💬 *问题举例*

可设置基于风险、隐患和"三违"数据的安全指数动态评价算法规则,实现对企业的安全指数动态评价(打分),以指导企业安全生产与决策。评价算法可采用扣分制,最终打分越高表示越安全,打分规则示例如下(表9-3 仅做参考):

风险满分30,隐患满分40,"三违"满分30,总分为风险+隐患+"三违"。

表9-3　企业安全指数动态评价

类型	总分	扣分规则
风险	30	当前存在重大风险扣0.1分/条、当前重大风险无管控记录扣1.2分/条。扣完为止
隐患	40	未闭环隐患中,存在重大隐患直接扣40分,一般A类扣3分/条,一般B类扣2分/条,一般C类扣1分/条,超期隐患扣1.5分/条。扣完为止
"三违"	30	统计前三天"三违"情况,扣0.3分/条。扣完为止
总分	100	以上扣上分累加为全矿扣分

最终可输出可视化结果直观展示企业安全指数(图9-6,图9-7)。

图9-6　企业当前安全指数

除了上述最为简单的扣分模式外,更为普遍的方法是采用大数据算法,对采集到的各种数据进行综合评估,动态跟踪或预测企业的风险情况及变

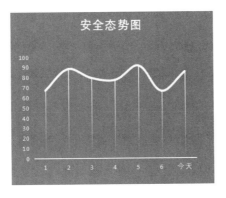

图 9-7　企业近期安全态势图

化趋势。大数据算法所采用的数据不仅仅限于风险管控、隐患排查和不安全行为("三违")管控数据,还可以全面集成与安全生产有关的"人、机、环、管"所有数据,实现对安全风险的全面、准确、自动评估。在风险动态评估基础上,企业可以对风险变化趋势进行预测,从而在隐患出现前采取措施使隐患不发生,实现本质安全。大数据分析基础上的风险预测预警能够从根本上改变当前安全管理的被动状态,使企业能够掌握安全管理的主动权。基于现代信息技术使能的双重预防机制将推动企业内部安全治理能力迈上一个新台阶,在安全管理领域具有里程碑意义,也是我国安全管理的发展方向。